最新版 図解 知識ゼロからのコメ入門

東京大学 名誉教授
八木宏典 監修

生産
消費動向
制度
流通
文化

家の光協会

はじめに

国連の予測によれば、世界人口は２０１９年の77億人から、50年には97億人、そして２１００年には１０９億人になると推計されています。これだけの人口を養うには、さらに多くの食料が必要になりますが、じつは世界の人口１人当たり穀物収穫面積はこの40年間で半分に減少し、平均反収も伸び率が鈍化しているという問題があります。２００８年に起きた世界の穀物価格の高騰は、異常気象による凶作、途上国の経済発展による需要拡大なども要因となっており、しばらくは価格が安定するものの、地球温暖化や気候変動などによって、世界の食料需給は中長期的には不安定になることが懸念されています。一方、日本の食料事情をみると、食料自給率は37％（カロリーベース／18年度）にまで低下し、先進国では最低の水準にあります。これからは、海外に食料を過度に依存することのリスクについても考えておく必要があります。

全国に広がる田んぼは、お米の生産だけでなく、土壌の流出や土砂崩れ、洪水の防止や豪雨時の貯水機能としても役立ってきました。また、水田と水路などの水辺の環境は、たくさんの野生生物の生息する場にもなってきました。日本人のふるさとであるといわれています。「広々とした田んぼに豊かに実る黄金色の稲穂、その上を飛びかう赤とんぼ」の風景は、日本人のふるさとであるといわれています。この風景は二〇〇〇年以上にもわたる日本人とお米との長いつきあいから生まれたものです。

日本の食文化と人々の暮らしを支えてきたお米と水田ですが、近年は消費量が年々減少し続け、生産面積も減っており、稲作農家の離農や高齢化も進んでいます。こうした困難な状況にありますが、集落の水田を一つの農場のように耕作する取り組みや、大型の農業機械や新しいＩＣＴ（情報通信技術）を駆使して、消費者や加工業者の求める多様なお米を生産・販売するなど、地域農業の担い手として挑戦する農業者たちもみられるようになってきました。

お米には炭水化物だけでなく、必須アミノ酸をバランスよく含む良質なタンパク質、健康を維持するために欠かせないカルシウムや鉄などのミネラル、そして多様なビタミンが含まれ、しかも炭水化物は、消化・吸収がゆるやかで血糖値の上昇がおだやかであるという特質があります。

オリンピック金メダリストの荒川静香さんが毎回必ず納豆かけご飯を食べて試合に臨んでいたのも、メジャーリーグで活躍したイチローさんが試合中に２８００個のおむすびを食べたというのも、女子プロゴルフの渋野日向子さんがＡＩＧ全英女子オープンでお菓子のほかお父さん手作りのおむすびを食べていたのも、世界で活躍する日本のアスリートやスポーツ選手たちが、こうしたお米の特質を熟知しているからです。

『図解 知識ゼロからのコメ入門』を２０１４年に刊行して以来、わが国のお米をめぐる環境はさまざまに変化しています。そこでこのたび全面的にデータを更新し、大幅な加筆・修正を行い、最新トピックスも追加して「最新版」を発刊いたしました。本書によって、食材としてのすぐれた面とともに、日本の食文化や国土保全、そして地域の伝統文化、生物多様性などを支えてきたお米の重要な役割について、広く学んでいただければ幸いです。

２０１９年10月

八木宏典

目次

第2章 米の生産と水田の仕組みを知る …… 39

第3章

米と日本の文化・伝統を知る

65

第4章 米作りの構造と戦後農政の流れを知る

第5章

米の流通・消費、貿易を知る

第6章 これからの米作りと消費拡大の可能性を探る　161

第1章

食料としての米の基本を知る

1 世界三大穀物とイネ科植物

米、小麦、トウモロコシは世界三大穀物

米は、小麦、トウモロコシと並び、世界で広く栽培されてきた作物です。これらはすべて、種子の部分を食べる**イネ科**の**一年草**の植物で、世界三大穀物といわれています。

多くの国々では、古くから、これらの穀物が主食として食べられてきました。また、家畜の餌としても利用され、生活に欠かすことのできない重要な作物として、人間と歴史をともにしてきました。

イネ科の食物は主食に向いている

イネ科の植物には、いくつかの共通点があります。まず、高い繁殖力を持ち、1株にたくさんの種子をつけることです。なかでも米は、1株の稲からおよそ1600～1800粒もの種子をとることができます。ちなみに、わが国において1株からとれる量は、小麦は120～240粒、トウモロコシは500～700粒ほどです。

また、狭い土地に密集して植えることができるので、限られた土地を利用して、たくさんの量を生産することが可能です。栄養価も高く、生命活動に欠かせない炭水化物やタンパク質などのエネルギー源となる成分を豊富に含んでいます。さらに、乾燥させれば長期にわたって保存することが可能です。そのため、食料が不足する冬のあいだや不作のときは、蓄えておいた穀物を食べて、生きながらえることができました。

穀物が世界の文明を築いた

私たちの祖先は遠い昔、もともと野生であったこれらの植物の種子を採集して食べていました。その

用語

イネ科
単子葉植物の仲間。米、小麦、トウモロコシ、粟《あわ》、黍《きび》などの穀物のほか、サトウキビや竹もその仲間。雑草としても世界に広く分布し、600余属1万種以上ある。

一年草
1年のうちに種子から発芽、生長し、開花、結実した後、枯死する草本植物。一年生植物ともいう。

うちに、偶然地面に落ちたか、または土にまいた種が発芽し、栽培が始まったと考えられています。そして何千年もの歳月をかけて、よりよい種子の選別を繰り返し、その土地の風土に合ったさまざまな品種を作りあげてきました。

そうした努力によって、人間は十分な食料を手に入れ、飢えを克服してきました。そして、穀物を中心とした、安定的な食料の獲得が、世界中で豊かな文明を生む礎《いしずえ》となったのです。

西アジアで栽培が始まったとされる小麦は、さらに西へ広がり、エジプトやヨーロッパ文明の発展に、深く関わりました。

トウモロコシはアメリカ大陸に根づき、マヤ文明、アステカ文明を築きました。

そして米の栽培は中国に始まり、**長江文明**の基盤となって、さらに日本を含むアジアの国々に広がっていきました。

イネ科の植物は、まさに命の糧として、人間の暮らしを支えてきたのです。

米・小麦・トウモロコシを主食としている地域

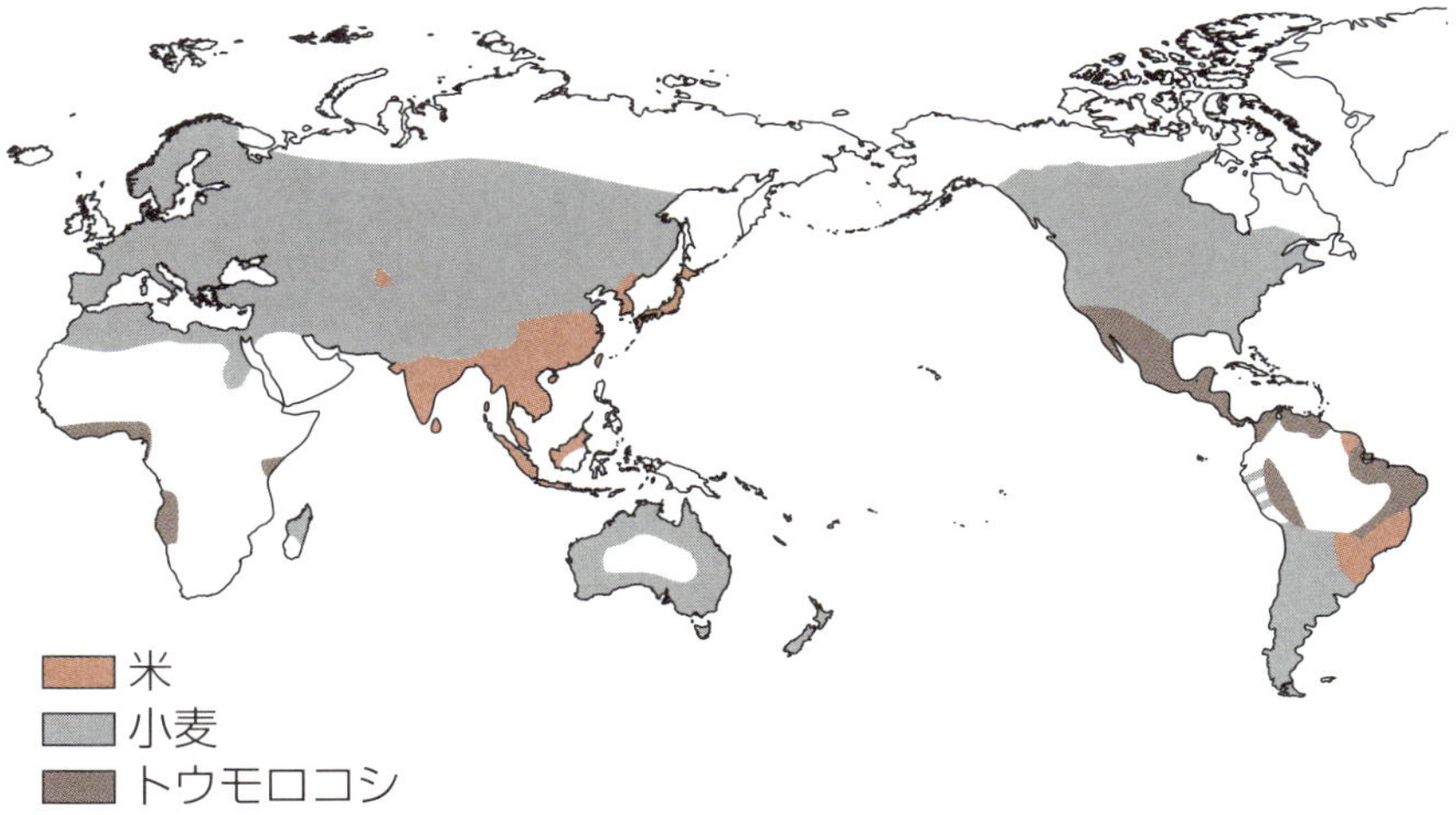

※白地の地域は、イモや雑穀、肉類などを主食とする地域

資料：石毛直道編『地球時代の食の文化—食の文化シンポジウム'82』（平凡社）をもとに作成

用語

長江文明
中国の長江流域で発展した、稲作を基盤とする古代文明。紀元前4000〜5000年頃、長江下流域で起こったとされる。ちなみに、中国を代表するもう1つの古代文明である黄河文明は、畑作を基盤としていた。

2 世界で増える米の生産量

米作りはアジアが中心

世界の米の生産量は、年々増加しています。2017年の生産量は、約7億6966万t（籾《もみ》の状態での重量）で、5年前より、約3166万t増えています。その約9割を生産しているのが、アジアです。国別にみると、1位の中国と2位のインドが全体の約半分を占め、3位インドネシア、4位バングラデシュ、5位ベトナムと続き、日本は13位です。このほかに、アメリカ、イタリア、オーストラリアでも米が生産されています。

アジアの国々で米の生産量が多いのは、雨が多く温暖な**モンスーン気候**が、稲の生育に適しているからです。また、水田では**連作障害**が起こらないため、何年も続けて栽培することができ、高い生産性を保つことができるのです。

アジアを救った米の品種改良

米は世界の食料問題の解決に向けて、重要な役割を担ってきました。

アジアの発展途上国で、米の生産量がのびるきっかけとなったのは、1960年代に進められた、世界的な農作物の新品種開発と農業技術の革新（**緑の革命**）です。

米に関しては66年に、フィリピンのIRRI（国際稲研究所）において、『IR-8』という品種が開発されました。

この稲は、草丈が低く倒れにくい、収量が多い、生育期間が短いなどのすぐれた特徴があり、「奇跡の米」ともよばれました。

これにより、インドやインドネシア、フィリピン、パキスタンなどで米の生産量が飛躍的にのび、食料

用語

モンスーン気候
モンスーン（季節風）の影響が大きい、日本、中国、東南アジアなどの地域にみられる気候。一般に、夏は海から大陸へ風が吹くため、高温・多湿で雨が多く、冬は大陸から海へ風が吹くため乾燥する。

連作障害
→40ページ

緑の革命
1960年代に世界で推進された、水稲や小麦などの多収量品種開発と、それにともなう発展途上国における農業技術の革新。これにより、穀物の生産量が大幅に増え、多くの国や地域で飢餓が克服された。

事情が改善。莫大な人口を抱えるインドでは、70年代に米の自給を達成し、さらに余剰分を輸出するまでになりました。

しかし、各国で生産力が増す一方で、化学肥料や農薬の大量使用により環境への影響が出るといった問題も起きています。

アフリカは「ネリカ米」に期待

水が少なく、灌漑《かんがい》設備の整わないアフリカでは、緑の革命の成果は上がらず、90年代に入っても、多くの人々が飢餓に苦しんでいました。そうしたなか、94年にWARDA（西アフリカ稲開発協会）が、日本や中国の支援によって「ネリカ米」の開発に成功しました。

稲は、「アジア稲」と「アフリカ稲」の大きく2種類に分けられますが、ネリカ米は、乾燥や病害虫に強いアフリカ稲と、収穫量の多いアジア稲をかけ合わせて作った陸稲《おかぼ》（18ページ）で、アフリカ稲とアジア稲の長所を併せ持っています。

国別の米の生産量（2017年）

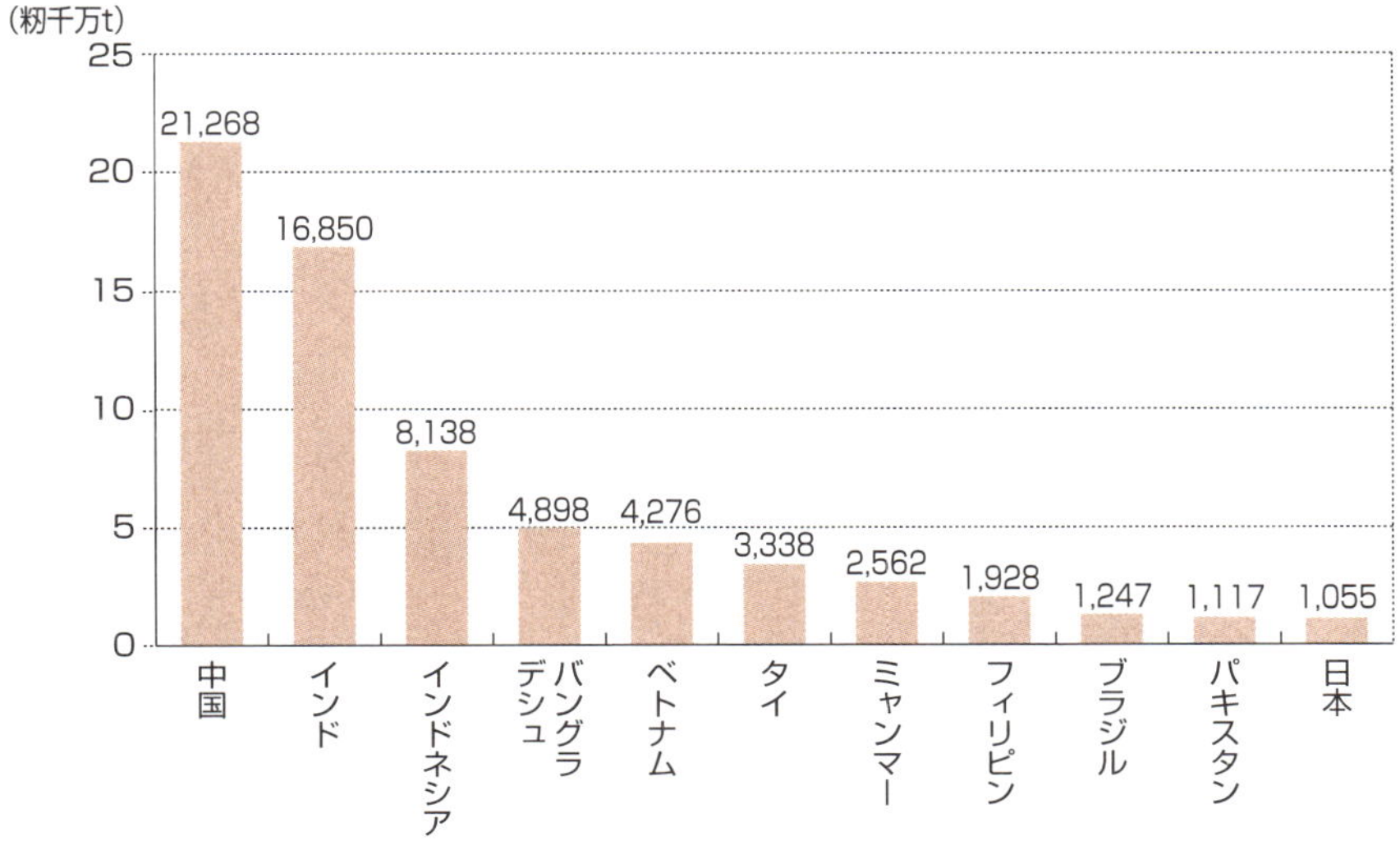

資料：国連FAOSTAT（2019年1月18日更新）の数値をもとに作成

米の貿易量は世界的に少ない

世界での米の輸出入量は、生産量の数%にとどまっています。これは、米が国内の食料を自給する目的で生産されていることが多いためです。

２０１８年のＵＳＤＡ（アメリカ農務省）の統計によれば、輸出国は、全体の25%を占めるインドを筆頭に、タイ、ベトナム、パキスタン、アメリカ、ミャンマーが続きます。

一方、輸入国はどうでしょうか。輸出と異なり、輸入は細分化されており、１位の中国でも全体の９%ほどにすぎません。中国は国別の生産量では世界第１位ですが、高級なインディカ米などをタイから輸入しています。

ちなみに、グラフでは「その他」に含まれてしまいますが、じつは日本は世界第19位の米輸入国でもあります。ミニマムアクセス米によって、毎年約77万ｔを輸入しています（１５２ページ）。

米の輸出入国（2018年）

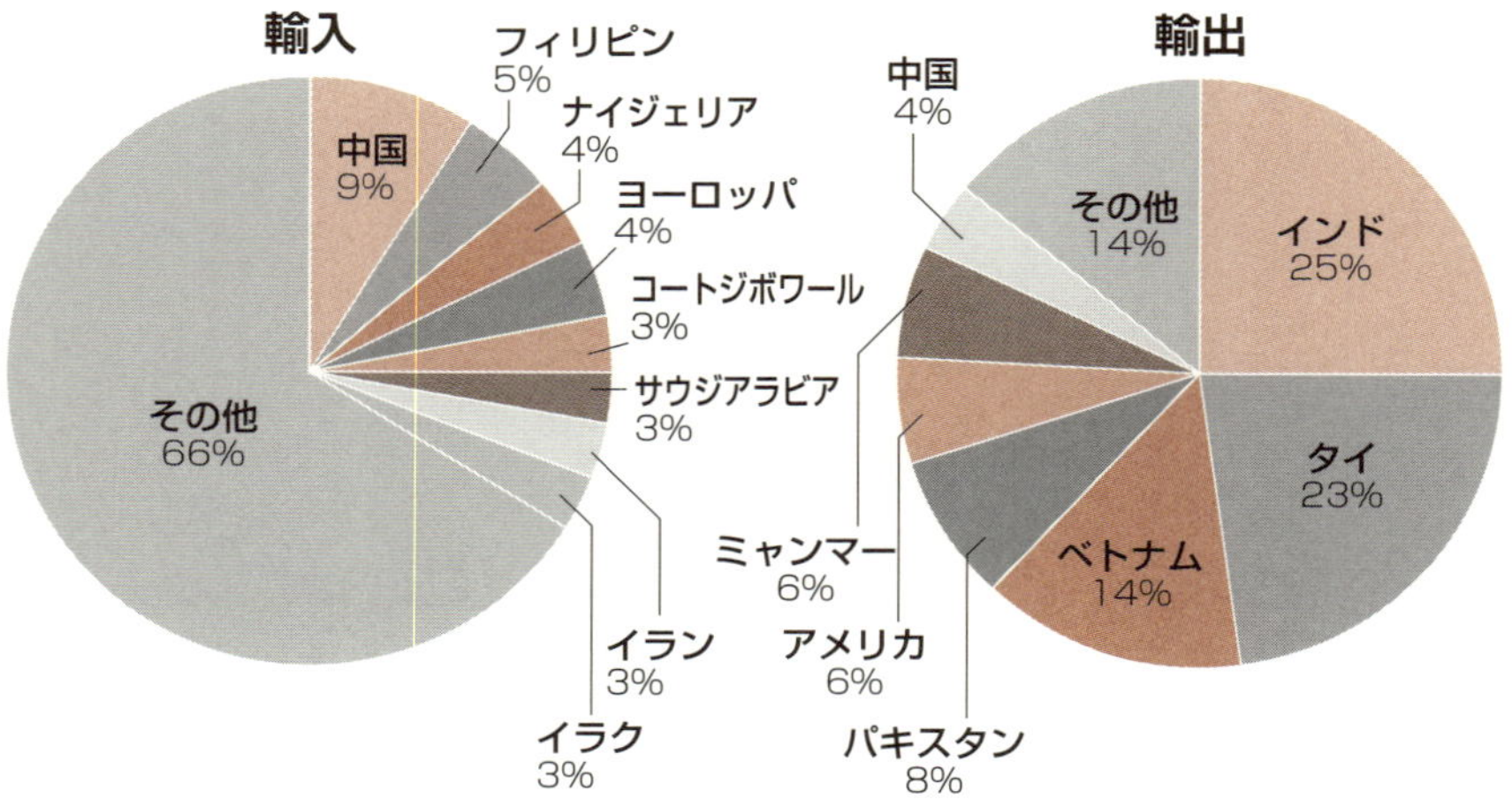

資料：USDA（アメリカ農務省）の数値をもとに作成

3 米の種類とその特徴

世界の米の8割はインディカ

世界で栽培されている稲は、大きく、アジア原産のアジア稲（オリザ・サティバ）と、西アフリカ原産のアフリカ稲（オリザ・グラベリマ）の2種に分けられます。このうち、生産量のほとんどを占めているのが、アジア稲です。

アジア稲はさらに、短粒種の日本型（**ジャポニカ**）、長粒種のインド型（**インディカ**）、大粒種のジャワ型（**ジャバニカ**）に分けられます。

ジャポニカは粒が短く、炊くと粘りが出るのが特徴で、おもに日本や朝鮮半島、中国東北部、オーストラリア、アメリカ西部で栽培されています。

インディカは粒が細長く、炊いたときの食感は、ぱさぱさとしています。中国南部や東南アジア諸国、インド、アメリカ（西部を除く）などで広く栽培されており、全世界の米の8割はインディカが占めています。

ジャバニカは、ジャポニカとインディカの中間の形状で、インドネシアや中南米で栽培されています。

うるち米ともち米の違い

それぞれの種類の稲には、うるち米ともち米があります。私たちが、ふだんご飯として食べているのはうるち米です。日本酒や煎餅などの原料にもなります。一方のもち米は、餅やおこわを作るときに使います。2つの米の違いは、含まれるデンプンの成分です。デンプンには、**グルコース**（ブドウ糖）が枝分かれして結合した**アミロペクチン**と、直鎖状に連なった**アミロース**があります（25ページ下図）。

米を炊いたときに、アミロペクチンは粘りを出す働きがあり、アミロースはぱさぱさとした食感を生

用語

ジャポニカ、インディカ
アジア稲の種類。日本人学者によって、日本における栽培種を基準として命名された。日本で栽培されているものをジャポニカ、それと異なるものをインディカとした。

ジャバニカ
品種としてはインディカよりもジャポニカに近いといわれる。そのため、日本のジャポニカを「温帯ジャポニカ」とし、ジャバニカを「熱帯ジャポニカ」として分類すべきだという見解もある。

グルコース
ブドウ糖ともいう。これ以上分解できない単糖類で、甘みがある。

み出します。そのため、アミロペクチンが多くアミロースが少ない米ほど粘りが強くなり、その逆になるほど、粘りがなくなります。

うるち米のデンプンは約8割がアミロペクチン、約2割がアミロースで構成されています。一方、もち米は100%アミロペクチンで構成されているため、うるち米よりもち米のほうが粘りが強いのです。

畑で栽培される稲もある

稲には水田で栽培される水稲と、畑で栽培される陸稲があります。

日本でも、灌漑設備が整っていなかった1960年代までは、陸稲が広く栽培されていました。しかし、食味が悪いなどの理由から、今では、おもにおかきやあられなどの菓子類の原料として、茨城県や栃木県といった限られた地域でしか栽培されていません。また、畑では**連作障害**が起きる心配もあります。現在では、栽培面積でみると、日本の米の99・9%が水稲です。

世界各地でおもに栽培されている米

種類	特徴	主な栽培地域
ジャポニカ 	短粒種。日本で主食とされているが、世界での生産量は2割程度。粘りけがあり、もちもちとした食感が特徴。炊いたり蒸したりして食べることが多い。	日本、朝鮮半島、中国東北部、オーストラリア、アメリカ西部
インディカ 	長粒種。世界で生産される米の8割程度を占める。ジャポニカより粘りけが少なく、ぱさぱさとした食感が特徴。煮て食べることが多い。ちなみに、沖縄の泡盛はインディカから造られている。	中国南部、東南アジア、インド、アメリカ（西部を除く）
ジャバニカ 	大粒種。生産量はごくわずか。形は、ジャポニカとインディカの中間だが、粒は大きい。熱を加えると粘りが出るが、ジャポニカほど強くはない。イタリアやスペインでは、リゾットやパエリアに使われる。	インドネシア、イタリア、スペイン、トルコ、中南米

用語

アミロペクチン →24ページ
アミロース →24ページ
連作障害 →40ページ

4 米粒の構造と精米の違いによる多様な米

米の構造と精米

米は、稲という植物の種子です。稲から**脱穀**された状態の米は、籾とよばれます。

いちばん外側を籾殻が覆い、その下には果皮《かひ》、種《しゅ》皮《ひ》、糊粉層《こふんそう》、そして芽として生長する胚芽《はいが》、発芽・生長するための栄養分を蓄えている胚乳《はいにゅう》があります。果皮、種皮、糊粉層をまとめて糠層《ぬかそう》といい、糠層と胚芽を合わせて糠といいます。

籾殻を取り除くことを**籾すり**といい、籾すりをした状態の米が玄米です。さらに、玄米から、糠を取り除くことを**精米**（精白）といい、胚乳のみにしたものが精白米（白米）です。そして、毎日の食卓で、もっともよく食べられているのは、白米です。

なお、籾や糠もただ廃棄されるわけではなく、さまざまな用途に利用されています（96ページ）。

糠の栄養を生かした玄米、分つき米

糠にはミネラル、ビタミン、食物繊維などが多く含まれています。そのため、精米する前の玄米のほうが、白米よりも栄養分が豊富です。炊飯した状態で、玄米は白米と比べて、ビタミンB_1が約8倍、鉄分が約6倍、カルシウムが約2倍、食物繊維が約5倍含まれています。

しかし、糠に覆われているため、白米と同じように炊くと、ぼそぼそとした食感になってしまいます。そのため、圧力鍋で炊くなど、調理法の工夫が必要です。

一方、白米は栄養価では玄米に劣りますが、消化がよく、簡単にふっくらとおいしく炊くことができます。

そこで、玄米と白米両方の長所を生かした、「分《ぶ》

用語

脱穀
収穫した穀物の種子を穂から取り離すこと。

籾すり
籾殻を取り除いて玄米にすること。現代では乾燥させた籾を機械にかけて行う。

精米（精白）
玄米を機械にかけ、糠を削り落とすこと。

つき米《まい》」という米があります。

玄米から糠層と胚芽を3割取り除いた三分づき米、5割取り除いた五分づき米、7割取り除いた七分づき米などがあり、糠を取り除く割合が高いほど、白米に近くなります。水加減や浸水時間を調節したり、白米に混ぜたりすることで、よりおいしく食べることができます。

栄養豊富で食べやすい胚芽米、発芽玄米

また、糠層をすべて取り除き、胚芽を80%以上残して精米したのが、「胚芽米」です。胚芽は、これから芽や根となって生長していく、いわば稲のエネルギーが凝縮された部分です。

とくにビタミンが豊富で、玄米に含まれるビタミンB_1の3割、ビタミンEは5割以上が、胚芽に存在します。分つき米以上に食べやすく、白米より栄養価が高いのが特徴です。

そして、玄米を水につけ、胚芽をわずかに発芽させたのが発芽玄米です。発芽のさいに酵素が働くことで、玄米に含まれていた養分が、人間の健康によい栄養素に変化します。

なかでも注目されている成分が、白米の約10倍、玄米の約3倍含まれている**GABA**《ギャバ》です。GABAは興奮を静める神経伝達物質で、精神を安定させたり、ストレスを和らげたりする作用があります。血圧を下げるなどの報告もあります。

また、発芽玄米は糠がやわらかくなっているため、白米と同じ方法で炊くことができます。

研がずに炊ける無洗米

調理のしやすさを追求したのが無洗米です。白米は表面に細かな**肌糠**がついているので、炊く前に研《と》ぐ必要がありますが、無洗米は、**BG精米製法**など、特別な加工で肌糠を取り除いてあるため、研がずに炊くことができます。

手軽なうえ、研ぐことによる栄養分の流出もありません。ただし、水加減の調節が必要で、5〜10%ほど水を多めに加えて炊くのが一般的です。

用語

GABA
アミノ酸の一種である、γ-アミノ酪酸という神経伝達物質のこと。ほ乳類の脳や脊髄に存在している。

肌糠
精米した後も、白米の表面に残っている細かい糠。

BG精米製法
肌糠を取り除く方法の一つで、肌糠の粘りを利用して、肌糠を別の肌糠とこすり合わせ取り除く方法。BGは、「糠」のBranと、「削る」のGrindの頭文字をとったもの。そのほかにも、イモのデンプンから作るタピオカを使って肌糠を取り除くNTWP加工法や、水を使って短時間で洗い、乾燥させる水洗い乾燥法などがある。

米の構造

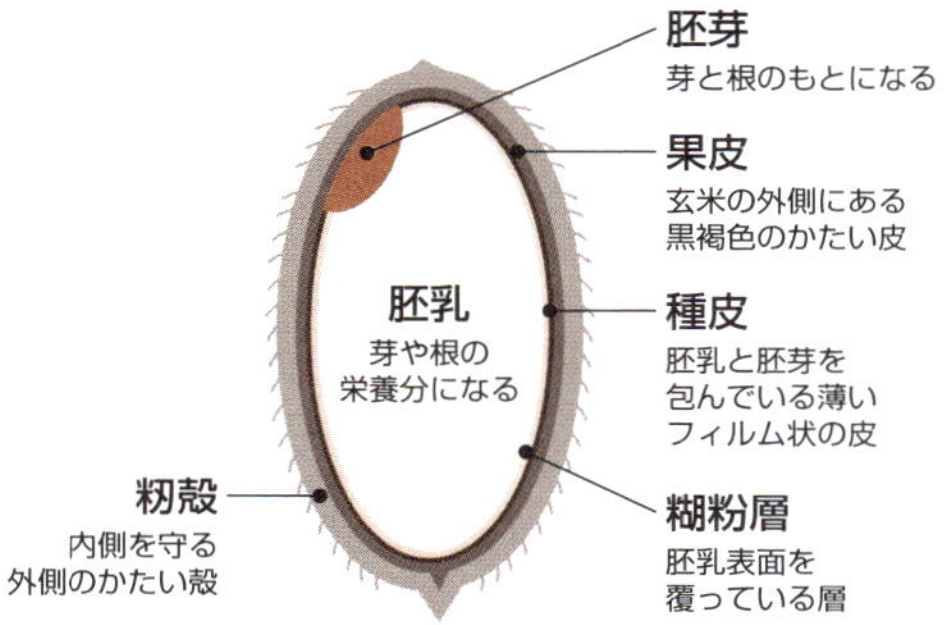

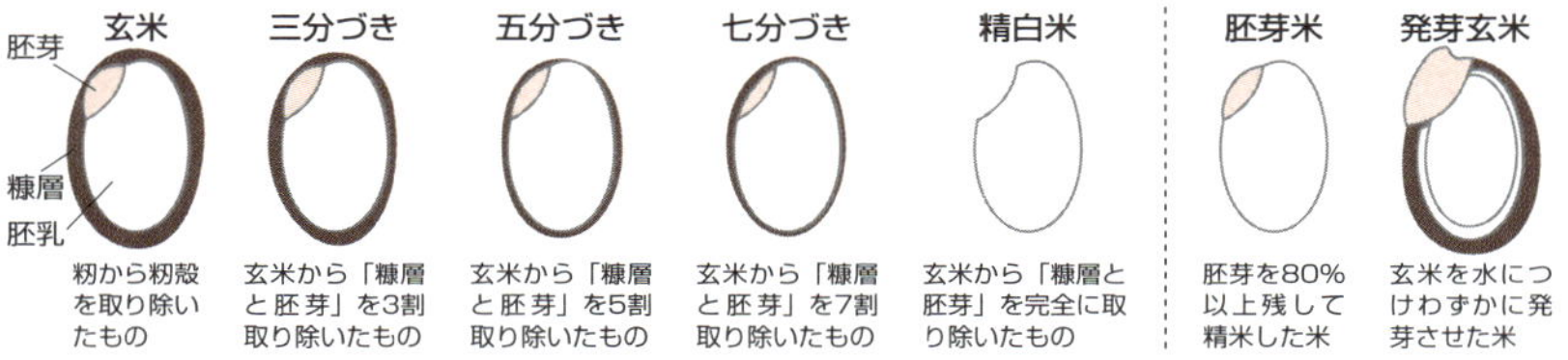

白米・胚芽米・玄米の栄養分の比較（150g中）

（それぞれ炊いた後の状態）

		白米	胚芽米	玄米
エネルギー（kcal）		252	250.5	247.5
水分（g）		90	90	90
たんぱく質（g）		3.75	4.05	4.2
脂質（g）		0.45	0.9	1.5
炭水化物（g）		55.65	54.6	53.4
ミネラル（無機質）	ナトリウム（mg）	1.5	1.5	1.5
	カリウム（mg）	43.5	76.5	142.5
	カルシウム（mg）	4.5	7.5	10.5
	マグネシウム（mg）	10.5	36	73.5
	リン（mg）	51	102	195
	鉄分（mg）	0.15	0.3	0.9
ビタミン	ビタミンB_1（mg）	0.03	0.12	0.24
	ビタミンE（mg）	—	0.6	0.75
食物繊維（g）		0.45	1.2	2.1

資料：香川明夫監修『食品成分表2018』（女子栄養大学出版部　2018年）をもとに作成

5 白米に含まれる栄養素とは？

エネルギー源となる米の炭水化物

私たちがふだん食べる白米、つまり米の胚乳にはどんな栄養素があるのでしょうか。

白米の主な成分は、炭水化物です。炭水化物は、人間の生命活動を支えるうえでとくに重要な**三大栄養素**の一つで、体内に入ると、ブドウ糖に分解され、脳や体を働かせるエネルギー源となります。肉やバターなどに多く含まれる脂質もエネルギー源となる成分ですが、米の炭水化物は、脂質よりもエネルギーとして消費されやすいことがわかっています。

また、粒のまま食べるので、粉を使った主食であるパンや麺類などより、消化、吸収がゆっくりと行われます。成人の場合、消化にかかる時間は3時間ほどといわれています。満腹感が持続しやすく、間食を防ぐことにもつながります。

食事をとると、血糖値が上昇します。すると、膵《すい》臓《ぞう》から、血糖値を下げる働きのある**インスリン**というホルモンが分泌されます。血糖値が上がったままだと、体に負担がかかるためです。

インスリンには、脂肪を体内に蓄積させる働きもあります。そしてご飯は、ジャガイモやパンなどと比べ、血糖値の上昇が穏やかであるという特徴があります。そのため、インスリンの分泌も刺激せず、結果として、太りにくい食物だといえます。

タンパク質やミネラル、ビタミンも豊富

炭水化物の次に多く含まれるのは、筋肉や骨、血液など人間の体を作るのに欠かせないタンパク質です。ご飯茶碗1杯分（150g）で、牛乳約114g分に相当する量が含まれています。

とくに米のタンパク質は、人間の体内では作り出

用語

三大栄養素
タンパク質、脂質、炭水化物のこと。体を作るもとになり、エネルギー源になるため、とくに重要な栄養素とされる。

インスリン
膵臓から分泌される血糖値を下げる働きのあるホルモン。インスリンが正常に分泌されなくなると引き起こされるのが糖尿病である。インスリンの分泌が過剰になると、膵臓に負担がかかり、インスリンを作る機能が弱まったり、失われたりする。

せない**必須アミノ酸**をバランスよく含むため、他の穀物のタンパク質よりも、良質であるといわれています。また白米は、健康を維持するために欠かせないカルシウムや鉄といったミネラル、ビタミンも含んでいます（21ページ下表）。ご飯1杯で、体に必要な栄養素を幅広く摂取することができるのです。

米に含まれるデンプンは、熱を加え炊飯することで消化しやすい状態に変化します。ところが、炊きあがったご飯が冷めると、米のデンプンは、加熱前の状態に戻ろうとし、レジスタントスターチ（難消化性デンプン）とよばれる、人間が消化しにくい性質に変化します。これは、食品としての米の利点の一つともいえます。

通常、デンプンは体内に入ると糖質に分解され、小腸で吸収されますが、レジスタントスターチは、消化されないまま大腸まで届きます。大腸に入ると、腸内細菌によって、酪酸、酢酸、プロピオン酸という成分に分解され、これらの働きにより、腸内環境が改善されます。

摂取後の血中インスリン量の変化

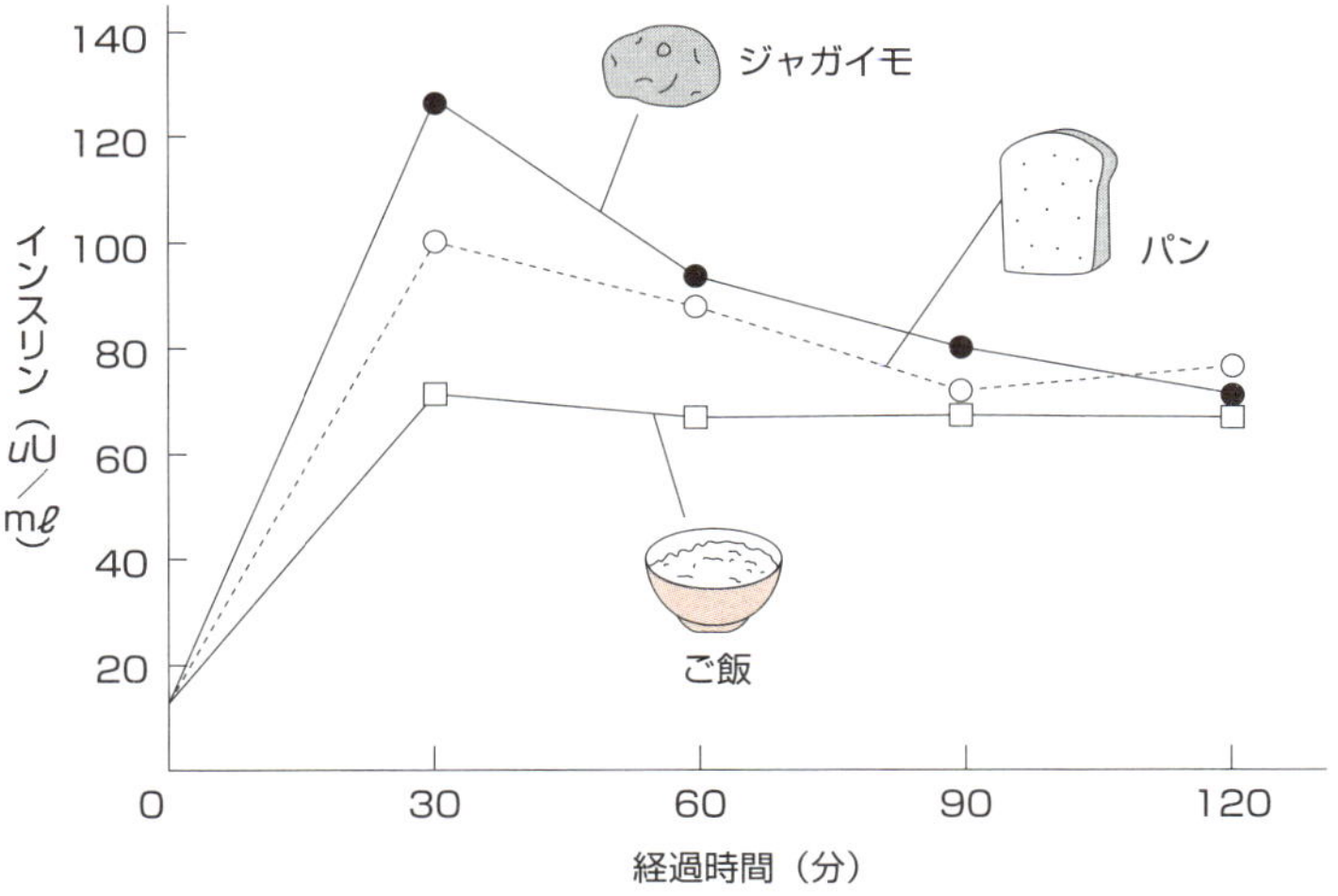

資料：「平成12年度ごはん食基礎データ蓄積事業研究報告書」をもとに作成

用語

必須アミノ酸
人間の体を作るのに不可欠な約20種類のアミノ酸のうち、体内で合成できないため、食物などから摂取する必要があるもの。成人では、8種類、小児では9種類、乳児では10種類の必須アミノ酸がある。

6 おいしい米の条件とは？

日本人は「粘りのある米」が好き

どういう食べ物をおいしいと感じるかは、人によって好みが分かれますが、日本人は概して、粘りの強いご飯を好む傾向にあります。

ご飯の粘りぐあいをもっとも左右するのは、デンプンの成分です。米のデンプンは、**グルコース**（ブドウ糖）が直鎖状に結合した**アミロース**と、枝分かれして結合した**アミロペクチン**という2つから構成されています。うるち米の場合、およそ16～23％がアミロースで、残りがアミロペクチンです。

アミロースとアミロペクチンの比率は、品種や気候、土壌の状態などによって異なります。『コシヒカリ』をはじめ、日本で「おいしい」といわれている米は、アミロースの含量が比較的少ない傾向にあります。

タンパク質も粘りに影響

米のタンパク質は栄養素としてたいせつですが、含量が多いと、食味が悪くなります。

タンパク質には水分を通さない性質があり、炊飯のさいに、米が水分を吸収するのをじゃまします。そのため、タンパク質が多い米は、粘りのないぱさぱさとしたご飯に炊きあがるのです。

玄米に含まれるタンパク質は、平均して6・8％。これより少ないほど、粘りの強いおいしいご飯になるといわれています。

水分量や鮮度もだいじ

米は水分が多いと、カビが生えやすくなり、品質の劣化を早めることにつながります。そのため、農林水産省の「玄米の検査規格」では、玄米の水分量

用語

グルコース
↓17ページ

アミロース
グルコースが直鎖状に連なったもの。グルコースの結合数は平均400～1000個の多糖類。直鎖状の構造のため、他の分子と結合しにくく、粘性があまり出ない。

アミロペクチン
グルコースの鎖ごとに枝分かれした分子構造を持つ。グルコースの結合数は6000～4万個で高分子の多糖類。構造が枝分かれしているため、他の分子と結合しやすく、粘性が高くなる。

は16%までと定められています。しかし、水分が少なすぎると、今度は食味の悪さの原因になります。食味と貯蔵性の両方を考慮すると、玄米の段階で水分が15%前後のものが理想だとされています。

さらに、米の食味には貯蔵の期間や方法も関係します。玄米は3%、白米は1%ほどの脂肪を含んでいますが、貯蔵の期間が長くなると、脂肪が分解され、**遊離脂肪酸**となります。この物質が増えると、いわゆる「古米臭」の原因になるのです。

遊離脂肪酸は、新米が出る端境《はざかい》期になると増えてきます。温度が高いほど水分の減少や脂肪の分解が進むため、JAなどの**カントリーエレベーター**では、玄米が15℃以下の低温と一定の湿度のもとで、保管されています。

低温貯蔵には、ほかにもメリットがあります。じつは、玄米の状態の米は、呼吸をしています。温度が高いと呼吸量が増え、品質の悪化につながりますが、低温であれば、呼吸量を抑えることができます（27ページ）。カビや害虫の発生も防げます。

アミロースとアミロペクチンの分子構造の模式図

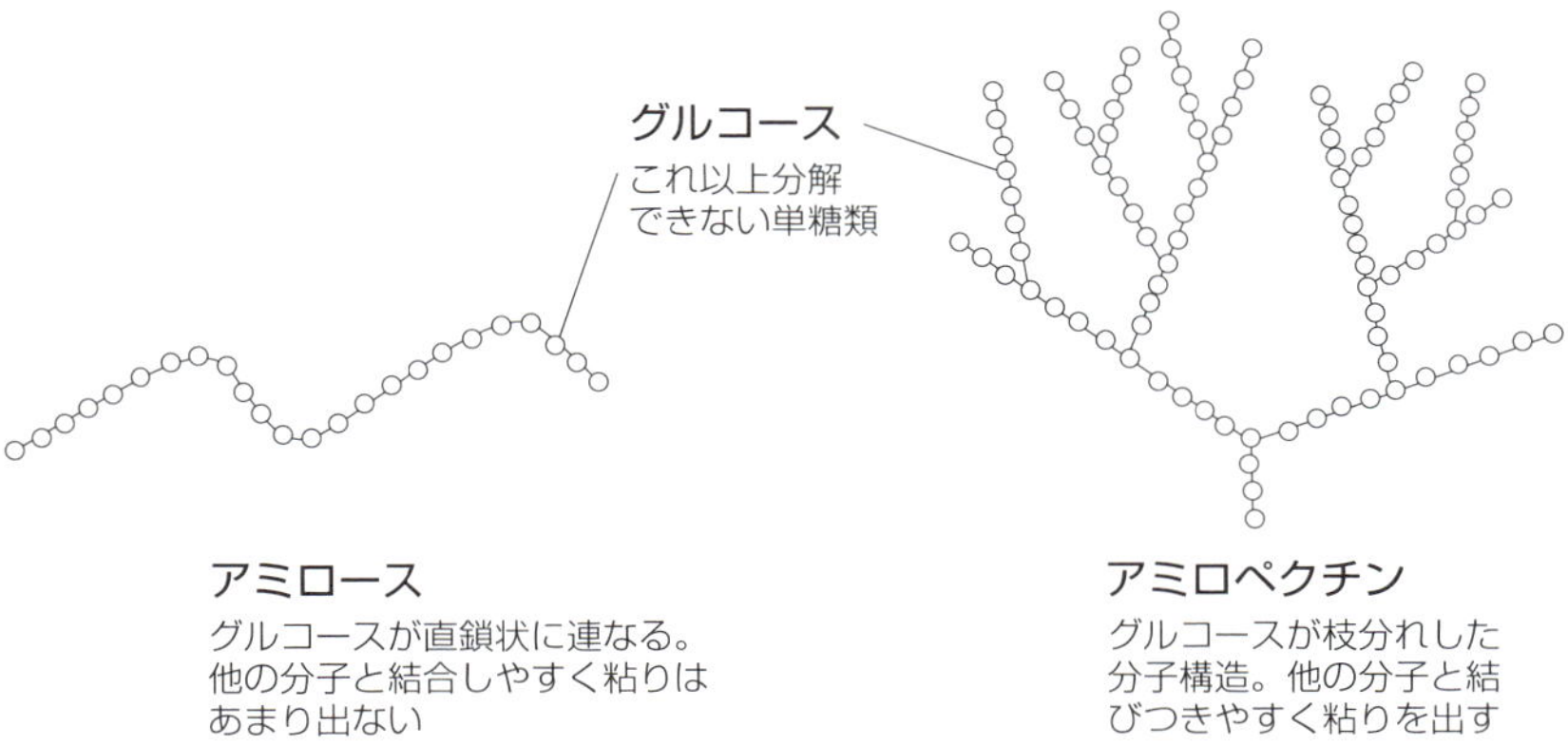
グルコース
これ以上分解
できない単糖類
アミロース
グルコースが直鎖状に連なる。
他の分子と結合しやすく粘りは
あまり出ない
アミロペクチン
グルコースが枝分れした
分子構造。他の分子と結
びつきやすく粘りを出す

用語

遊離脂肪酸
脂肪が分解されて生じる脂肪酸。酸化しやすい性質を持っているため、遊離脂肪酸を多く含む食品は、風味が落ちやすいとされる。

カントリーエレベーター
→56ページ

7 米は鮮度が命

ポイントは収穫時期と精米時期

米は長期間保存できる穀物ですが、野菜などと同様に生鮮食品でもあります。そのため、米の「鮮度」もおいしさを左右するたいせつな要素です。

米の旬といえば、夏から秋にかけての新米の季節です。一般的に、新米は水分が多くてみずみずしく、やわらかいという特徴があります。また、**遊離脂肪酸**が少ないので、古米臭も感じません。

しかし、季節とともに、**精米**されてからの時間の経過も、米の鮮度や味わいに大きく関係します。

玄米は生きている

玄米は、籾のいちばん外側を覆っている籾殻を取り除いただけなので、種として芽を出し、生長する力を持っています。現代では**脱穀**した後、籾に熱を当て、短時間で乾燥させるため、胚が死んで発芽しないものもありますが、基本的に玄米は、呼吸しながら眠っている種の状態なのです。

玄米は糠層に守られていますが、これを精米し、白米にすると、一気に鮮度が落ちやすくなります。とくに、米のまわりについている**肌糠**は傷みやすく、味や香りを損なう原因になります。

精米年月日を確認しよう

米の鮮度は精米後、時間が経つにつれ落ちていきます。ですから、スーパーや米穀店などで米を購入するさいは、**精米年月日**を確認し、できるだけ日にちの経っていないものを選びましょう。

白米をおいしく食べられる期間は、季節によって異なります。収穫直後の秋から、翌年の3月くらいまでは精米後2か月程度ですが、4~5月は1か月

用語

遊離脂肪酸
→25ページ

精米
→19ページ

脱穀
→19ページ

肌糠
→20ページ

精米年月日
原料玄米を精米した年月日。食品表示法（→146ページ）により表示が義務づけられている。精米年月日が異なる米を混合している場合は、その中でもっとも古い年月日が記載される。

程度。気温や湿度が高くなると劣化の速度が早まりますから、保存期間も短くなります。質の低下につながる玄米の呼吸量は、気温の高い夏ほど多くなります。そこで、夏は冬よりも一度に買う米の量を少なくするといった工夫をするとよいでしょう。

冷暗所や冷蔵庫に保管

米をできるだけ長く、おいしく食べるためには、家庭での保存方法がたいせつです。

温度や湿気による劣化、また害虫の侵入を防ぐためには、ふたのついた容器に入れ、冷暗所に保管しておくことが基本です。また、米は匂いがつきやすいので、匂いの強いものを近くに置かないようにしましょう。さらに、冷蔵庫に入れるのもよいですが、そのさいは、ほかの食材の匂いが移らないよう、密閉できる容器に入れる必要があります。

米は酸化が進むと、表面が粉をふいたようになってきます。米に手を入れてみて、手に粉がつくと、かなり質が落ちているといわれています。

玄米の呼吸量の変化

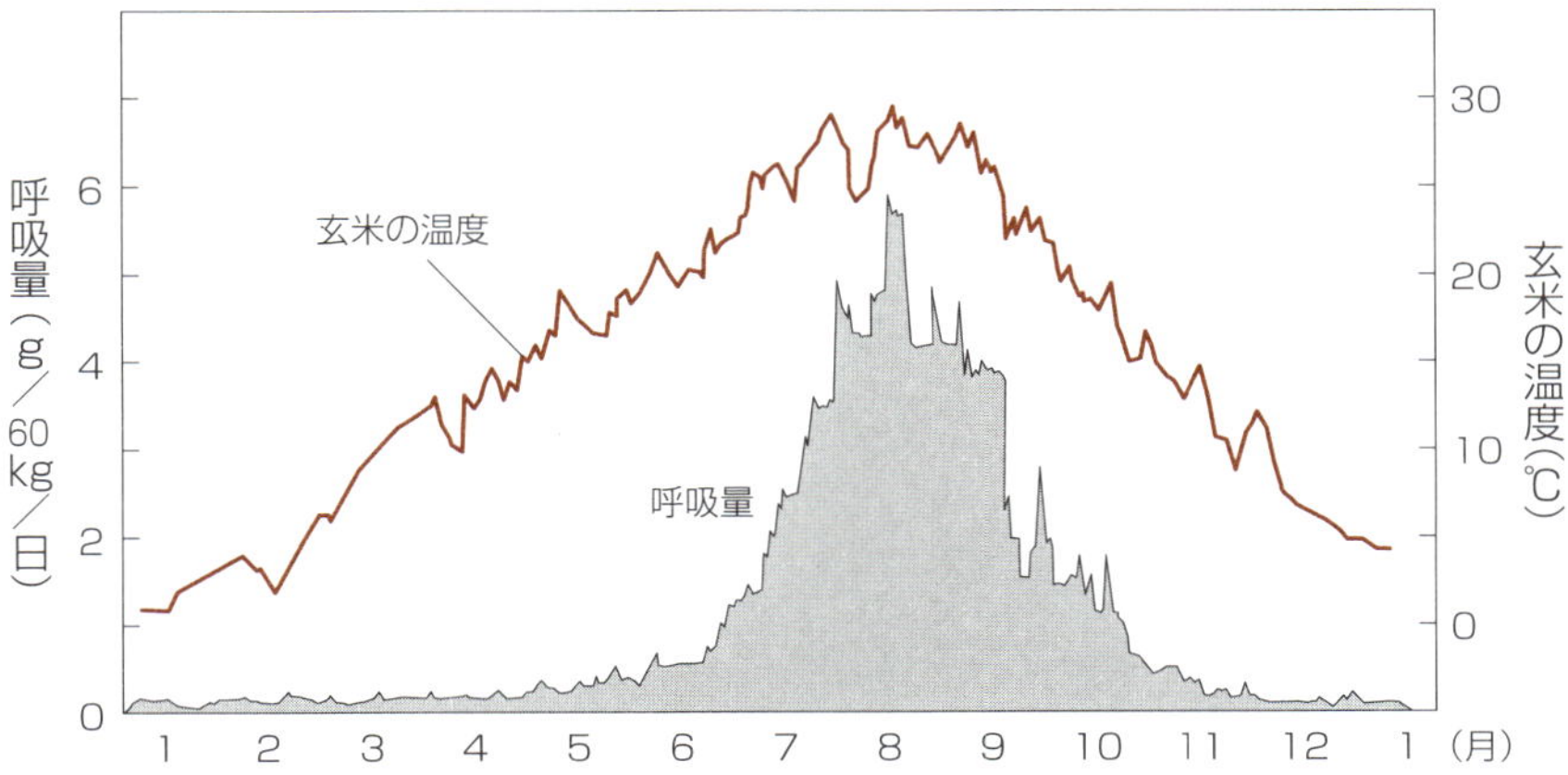

※気温が高くなると玄米の温度も上がり、呼吸量も増え、品質の悪化につながる

資料：堀江 武編著『農学基礎セミナー　新版 作物栽培の基礎』（農山漁村文化協会　2004年）をもとに作成

8 『コシヒカリ』とその子孫たち

トップを走り続けるコシヒカリ

日本を代表する米の品種として君臨し続ける『コシヒカリ』。日本人の味覚に合う米として、揺るぎない支持を集めています。

人気の秘密は、強い粘りです。米は、含まれる**アミロース**の量が少ないほど粘りが強くなりますが、コシヒカリのアミロース含量は19％ほどで、他品種より低くなっています。

作付け面積も、1979年から30年以上にわたって、第1位を維持しています。2018年産水稲の作付けでも、全体の35・0％を占め、2位で9・2％の『ひとめぼれ』に大差をつけています。

コシヒカリは、1944年に新潟県で『農林22号』と『農林1号』を交配させて誕生した稲がもとになっており、これを福井県が多収品種として育成し、56年に『農林100号』として品種登録されました。そして、「越の国に光り輝く品種」となる願いを込めて、コシヒカリと命名されました。

ただし、食味がよく、寒さに強い反面、草丈が高いため倒れやすく、稲の病害である**いもち病**に弱いという難点があり、育てにくい品種としても知られてきました。

そこで、主要産地の新潟県では、2005年産米から、『**コシヒカリBL**』という品種を導入しました。これは、食味などの品質は従来のコシヒカリと同様で、さらにいもち病に強いという性質を加えた品種で、農薬の使用量を減らした栽培ができ、環境にやさしい米づくりが進んでいます。

人々を冷害から救ったコシヒカリの祖先

コシヒカリの祖先に当たる品種は、明治時代に生

用語

アミロース
→24ページ

いもち病
いもち病菌が寄生することで、葉や穂などに暗色の病斑が出て枯れる。比較的多湿低温の年に多く発生し、日本の稲の病害のなかで、もっとも被害が大きい。

コシヒカリBL
15年の歳月をかけてコシヒカリを改良した品種。BLとは、Blast Resistance Lines（ブラスト　レジスタンス　ラインズ）の略で、いもち病に抵抗性を持つコシヒカリであることをあらわす。ちなみに、現在『コシヒカリ』として売られている米には、この品種であるものもある。

まれた『亀の尾』です。1893年の冷害で、稲が壊滅的な被害を受けるなか、山形県の篤農《とくのう》家であった**阿部《あべ》亀治《かめじ》**は、3本の穂をつけた稲を発見しました。その種から、4年の歳月をかけ、冷害に強く収穫量にすぐれ、食味のよい品種を育成したと伝えられています。亀治はその種を無償で人々に分け与え、大正時代には、東北や北陸に普及しました。コシヒカリは亀の尾のひ孫に当たり、食味のよさと耐寒性を受け継いでいます。

コシヒカリの血を引く品種たち

日本で栽培されている稲は、コシヒカリを筆頭に、その子や孫、ひ孫などの関係に当たる品種がほとんどを占めています。作付け面積が2位の『ひとめぼれ』、3位の『ヒノヒカリ』、4位の『あきたこまち』も、すべてコシヒカリの子に当たり、5～10位の品種も、大半がコシヒカリの系統です。コシヒカリの食味のよさを受け継ぎつつ、各地の風土に合った、育てやすい品種を作ろうとした努力の結果です。

品種別作付け面積割合（2018年産）

（単位：%）

順位	品種名	作付け割合	主要産地
1	**コシヒカリ**	35.0	新潟、茨城、福島
2	**ひとめぼれ**	9.2	宮城、岩手、福島
3	**ヒノヒカリ**	8.6	熊本、大分、鹿児島
4	**あきたこまち**	6.8	秋田、茨城、岩手
5	**ななつぼし**	3.4	北海道
6	**はえぬき**	2.8	山形、香川
7	**キヌヒカリ**	2.2	滋賀、兵庫、和歌山
8	**まっしぐら**	2.0	青森
9	**あさひの夢**	1.6	栃木、群馬
10	**ゆめぴりか**	1.5	北海道

※上位10品種の合計…73.1%

資料：米穀安定供給確保支援機構「平成30年度産 水稲の品種別作付動向について」をもとに作成

用語

阿部亀治
1868年～1928年。現・山形県庄内町出身の篤農家で、米の品種改良に生涯をかけた。

9 「米の食味ランキング」とは？

おいしさを評価する「食味官能試験」

米のおいしさを示す基準として知られる、「米の食味ランキング」。これは、米の品質向上と普及を目的に、**日本穀物検定協会**が毎年公表している米の格付けです。

ランキングは、米を実際に食べて審査する「食味官能試験」にもとづくものです。対象となる米は、原則として、県の奨励品種であることや、作付け面積が一定の広さを超えていることなど、いくつかの基準を満たしていなければなりません。

試験は、米が収穫される秋から年明けにかけて、専門的に訓練された20人のパネル（評価員）によって行われます。

試験を行う時刻は、昼食前の味覚が敏感になっている11時半と決まっていて、1日3銘柄ずつ評価します。そして、公正な判定を行うために、米は決められた炊飯器で、決められた手順で炊くなど、厳正なルールにのっとって進められます。

評価項目は、白飯の「外観」「香り」「味」「粘り」「硬さ」「総合評価」の6つ。その年の複数産地のコシヒカリを混ぜたブレンド米を基準米とし、項目ごとにこれと比較していきます。

基準米と同じは「0」、最高はプラス3、最低はマイナス3として、評価します。

そして、「総合評価」の結果にもとづき、とくに良好なものを「特A」、良好なものを「A」、基準米と同等なものを「A'」、やや劣るものを「B」、劣るものを「B'」と格付けします。

ランキングの結果は、米の人気や売れ行きなどに影響するため、生産者や消費者から高い注目を集めています。

用語

日本穀物検定協会
1951年に、米穀の流通の円滑化のために設立された第三者検定機関。米の食味ランキングは、1971年産米から公表されている。

機械で測る「食味値」

食味官能試験とは別に、米の成分を、食味機（近赤外線分析機）とよばれる機械で測定し、「食味値」を出す「理化学検査」もあります。

理化学検査では、生の米粒に赤外線を当て、食味に影響する成分である**アミロース**やタンパク質、水分、脂肪酸度を測定し、結果を総合して100点満点で評価します。60～65点が標準で、点数が高いほどおいしい米とされます。

ただし、食味機のメーカーは複数あり、それぞれ独自の計算式で総合点を算出するため、どのメーカーの機械を使うかによって結果に差が生じます。異なるメーカーの機械で測った食味値は比較することができません。

また、食味に影響する成分の中には、アミノ酸やミネラルなど、食味機では測れないものもあります。あくまでも食味値は、米を選ぶさいに参考にする情報の一つとして考えるのが妥当かもしれません。

全国の特A米（2018年産）

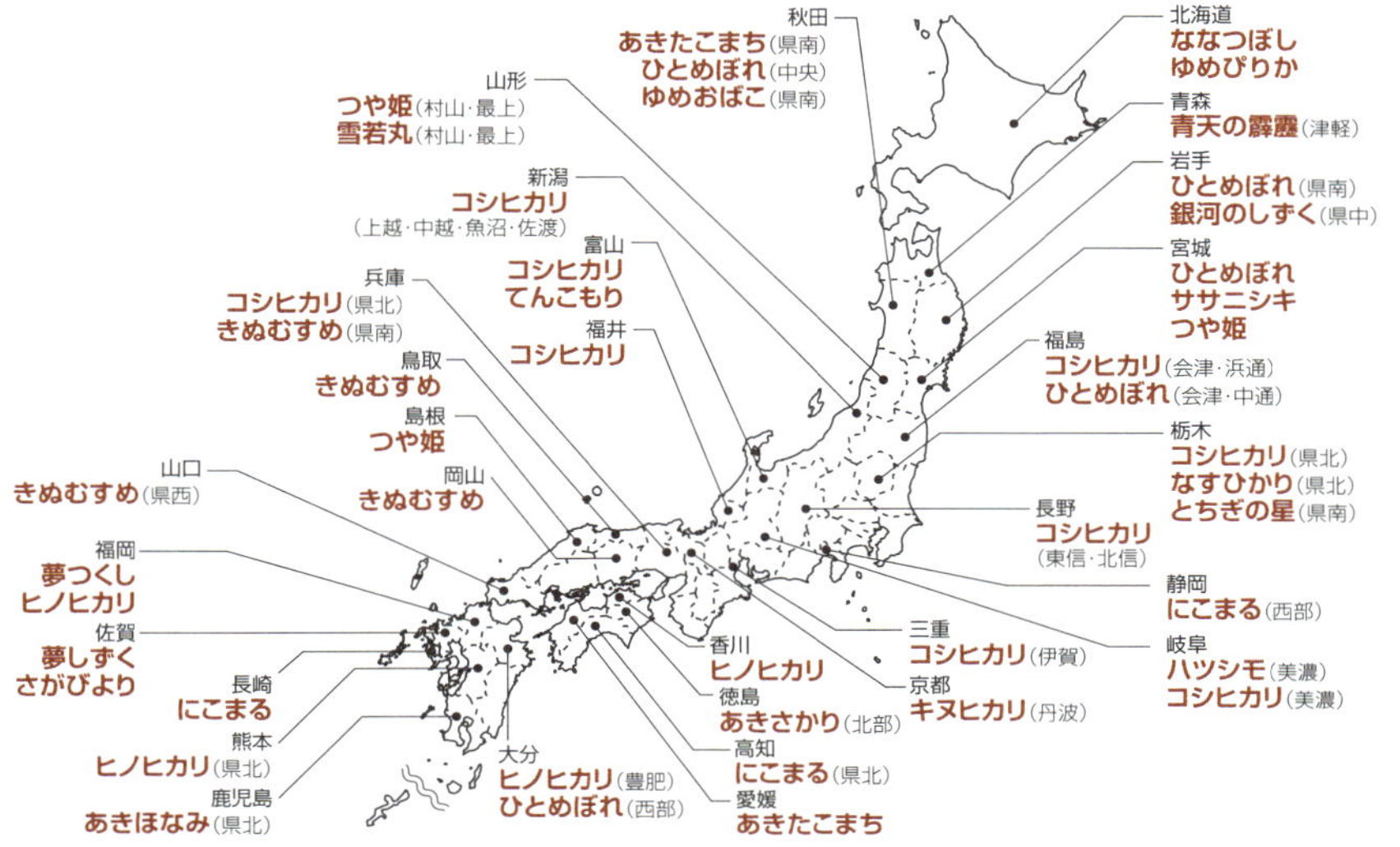

参考：日本穀物検定協会HPをもとに作成

用語
アミロース
→24ページ

10 食味にすぐれた新品種の登場

全国で加速する新品種の開発競争

スーパーや米穀店などで、さまざまな銘柄の米を見かける機会が増えています。今まさに、全国の米の産地で、新品種の開発競争が繰り広げられていることのあらわれです。

2018年産米の食味ランキングで、最高評価の「特A」に選ばれたのは、31道府県の55銘柄（31ページ）。前年産を12銘柄上回り、3年ぶりに過去最多を更新しました。

かつては、米どころといえば、北陸から東北にかけての地方で、品種も数種類に限られていました。しかし、北海道や中国、四国、九州など各地で多彩な新品種が次々と誕生し、米の質も上がっています。今回特Aに輝いた銘柄のなかには、初めて食味官能試験の対象となったものもありました。

北の大地に根づいた食味にすぐれた新品種

新潟県と1、2位を争う収穫量を誇り、おいしい米の産地として知名度を上げている北海道。栽培される品種も多彩で、食用のうるち米だけで10種類以上、もち米や酒米を加えると約20種類にのぼります。

しかし、もともと寒冷な北海道の気候に、温暖な気候を好む稲の栽培は向いていませんでした。今でこそ人気の産地として定着しましたが、かつては、北海道米といえば、おいしくないことで有名で、〝やっかいどう米〟や〝猫またぎ〟とよばれていました。食味の悪さの原因は、ぱさぱさした食感を生む、デンプンの**アミロース**とタンパク質の含量が多いことでした。

そこで北海道では、1980年から「優良米の早期開発」をめざすプロジェクトをスタートさせ、低

用語
アミロース
↓24ページ

アミロース、低タンパクの品種の開発、育成に力を注いできました。

その努力が実り、89年にデビューした『きらら397』を皮切りに、食味のよい新品種が続々と登場しました。なかでも、つや、粘り、甘みのバランスを兼ね備えた『ななつぼし』は2010年産米から9年連続で、粘りが強く豊かな甘みが特徴の『ゆめぴりか』は、11年産米から8年連続で、特Aを獲得しました。今では北海道米は、道内外から高い評価を得ています。

西日本では高温に強い新品種が続々と誕生

中国、四国、九州地方でも、米の品種は、質の向上と多様化をみせています。その背景にあるのは、地球温暖化への対策です。

これらの地域では、気温の上昇などにより、1等米比率が減少傾向にありました。そのため、高温でもおいしく育つ品種の開発、育成が急ピッチで進められてきたのです。

九州では、05年、九州沖縄農業研究センターで『にこまる』が育成され、08年産米で、長崎県が米の食味ランキングで特Aを獲得しました。各県でも、暑さに強い新品種の開発が進み、熊本県の『森のくまさん』や『くまさんの力』、佐賀県の『さがびより』、福岡県の『元気つくし』『夢つくし』、鹿児島県の『あきほなみ』といった新品種が、特Aになっています。

さらに中国地方でも、13年産米で、鳥取県で栽培された『きぬむすめ』が特Aに選ばれました。鳥取県では初の獲得で、中国地方でも10年ぶりの快挙となりました。四国でも、18年産米で、徳島県の『あきさかり』が、初出品で特Aに輝いています。

産地の懸命な努力により、多様な品種が生まれ、近年の食味ランキングでも入れ替わりが激しくなっています。今後、さらなる新品種の登場や、産地間の競争の激化が予想されます（温暖化に対する新品種については166ページ、機能性を高めた新品種については172ページ）。

注目される特A品種（2018年産）

雪若丸

2003年、山形県で『山形80号』と『山形90号』から誕生し。『つや姫』に続くブランド米をめざし、18年に本格デビュー。栽培しやすく、白さと光沢があり見た目にすぐれ、しっかりとした粒感と粘りのバランスがよく、新しい食感を味わえる。18年産米の食味ランキングにおいて、初出品で特Aに輝く。

青天の霹靂

2015年、青森県で『ひとめぼれ』などの良食味性を受け継ぐ品種としてデビュー。粒が大きめで、炊きあがり後もしっかりとした適度なかたさのあるお米です。粘りとキレのバランスがよく、上品な甘みの残る味わいです。15年産米から４年連続で特Aを獲得。

ゆめぴりか

1997年、北海道で低アミロースの性質を持つ『札系96118（北海287号）』と、食味と収量性にすぐれた『上育427号（ほしたろう）』を交配して生まれた。10年以上の歳月をかけ、2009年にデビュー。ほどよい粘りと甘み、つややかな炊きあがりが特徴で、11年産米から８年連続で特Aを獲得。

さがびより

1998年、佐賀県で『佐賀27号（天使の詩）』と『愛知100号（あいちのかおりSBL）』の交配で生まれ、2009年、県の奨励品種に。つやが美しく、粒が大きくもっちりしていて、甘みがあって香りがよいのが特徴。米の食味ランキングでは10年産米から、９年連続の特Aを獲得している。

銀河のしずく

2007年、岩手県で『奥羽400号』と『北陸208号』を交配させ、育成がはじまり、2015年には県推奨品種に。炊き上がりのつやと白さが最大の特徴で、粘りや甘みがありつつも、しつこくない味でおいしい。18年産米の食味ランキングにおいて、特Aを獲得。

きぬむすめ

1991年に九州農業試験場で『キヌヒカリ』と『祭り晴』から育成され、2008年より鳥取県の奨励品種となる。炊き上がったご飯の白さとつやが特徴で、食味はコシヒカリと同等か地域によっては上回るほど。18年産の食味ランキングで特Aを獲得。

夢つくし

1988年、福岡県で『北陸122号』と『越南17号』を交配し育成がスタート、94年にデビュー。やわらかな食感とさっぱりとした甘みが特徴。炊き上がりの香りが高く、粒もふっくら仕上がる。2016年産米から3年連続で特Aを獲得。

あきほなみ

1999年、鹿児島県で育成がスタートし、2008年、県の奨励品種に。『コシヒカリ』と『ヒノヒカリ』をベースに、品種改良を加えた。温暖化に強いと期待がよせられている。粒が大きくて粘りがあり、甘みとうまみもあって、炊いてから時間が経ってもおいしい。米の食味ランキングでは、13年産米から６年連続で特Aを獲得。

11 和食の中心にある米

ご飯がおかずを引き立てる

和食の主役は、なんといっても米のご飯。ご飯を中心としておかずを食べるのが、和食の基本です。

ご飯そのものは、味があまり濃くないため、どんな食材や味つけとも相性がよく、和食だけでなく、中華料理や洋食にも合います。

また、ご飯を噛んでいると、ほのかな甘みが生まれます。これは、米のデンプンが、唾液に含まれる消化酵素のアミラーゼによって分解され、麦芽糖などの糖に変化するためです。この甘みも、おかずを味わい深く引き立てています。

ご飯が栄養バランスをととのえる

栄養の面でも、ご飯を中心とした和食はすぐれています。ご飯の主成分は、脳や体のエネルギー源となる炭水化物であるため、日本人は、ご飯の炭水化物などから、1日に必要なエネルギー量の多くを摂取します。そして、主菜として肉や魚、卵などタンパク質を多く含む食材を、副菜としてビタミンやミネラルが豊富な野菜やキノコ類を組み合わせれば、パンや肉を中心とした欧米型の食事よりも、低脂肪でバランスのよい献立になります。

三大栄養素であるタンパク質、脂質、炭水化物のエネルギー比率を表す**エネルギー産生栄養素バランス**も、ご飯に主菜と副菜を組み合わせた和食は、完璧に近いことがわかります。しかし、近年は日本でも食の洋風化や簡便化によって、脂質の摂取量が増加する傾向にあります。

米と大豆の親密な関係

米のほかに、日本人の食生活において、重要な役

用語

三大栄養素
→22ページ

エネルギー産生栄養素バランス
エネルギーを作り出す栄養素であるタンパク質、脂質、炭水化物から摂取するエネルギーの比率を示したもの。体内で1g当たり、タンパク質が4kcal、脂質が9kcal、炭水化物が4kcalのエネルギーに変わる。理想のエネルギー産生栄養素バランスは、タンパク質13～20%、脂質20～30%、炭水化物50～65%とされる。

割を担っているのが大豆です。大豆は納豆や豆腐、さらにしょうゆやみそといった調味料にも広く使われ、和食には必要不可欠な作物です。じつは、大豆と米には、栄養面でも深いつながりがあります。それは**必須アミノ酸**です。

白米は、成人が必要とする8種類の必須アミノ酸をすべて含みますが、その中で、リジンが少なく、**含硫アミノ酸**を多く含みます。一方、大豆は含硫アミノ酸が少なく、リジンを多く含みます。つまり、2つの食材を同時に食べることで、欠乏する必須アミノ酸を補い合うことができるのです。

口中調味が特徴

和食を食べるときは、主食であるご飯を食べながら、おかずを口に運びます。ご飯、主菜、ご飯、汁物、というぐあいに、ご飯をはさみながらおかずを食べ、口の中で噛んで好みの味つけにすることを、「口中調味」とよびます。

こうした食べ方を、私たちはふだんからなにげなく行っていますが、これは和食の基本であり、日本独特の食文化です。

口中調味は、味わいとともに、栄養のバランスをとるうえでもたいせつです。人は年齢や体格、健康状態によって、必要とする栄養に差がありますが、ご飯を中心におかずを選んで食べることで、それぞれが自分に合った食べ方をすることができます。

和食が無形文化遺産に

2013年、「和食：日本人の伝統的な食文化」が、ユネスコによって**無形文化遺産**に登録されました。刺身に象徴されるように素材を生かす調理法や、だしなどを用いて「うまみ」をじょうずに使い、動物性油脂の少ない食生活を実現していることなどが評価されました。そして、刺身もだしを使った汁物や煮物も、白いご飯に合うように、年月をかけて工夫されてきたものです。世界が認めた和食、その中心にあるのは、ご飯といえるでしょう。

用語

必須アミノ酸
↓23ページ

含硫アミノ酸
硫黄を含んだアミノ酸の総称。メチオニン、システイン、シスチン、タウリンなど。

無形文化遺産
↓158ページ

日本型・欧米型の食事にみるエネルギー産生栄養素バランス（2018年）

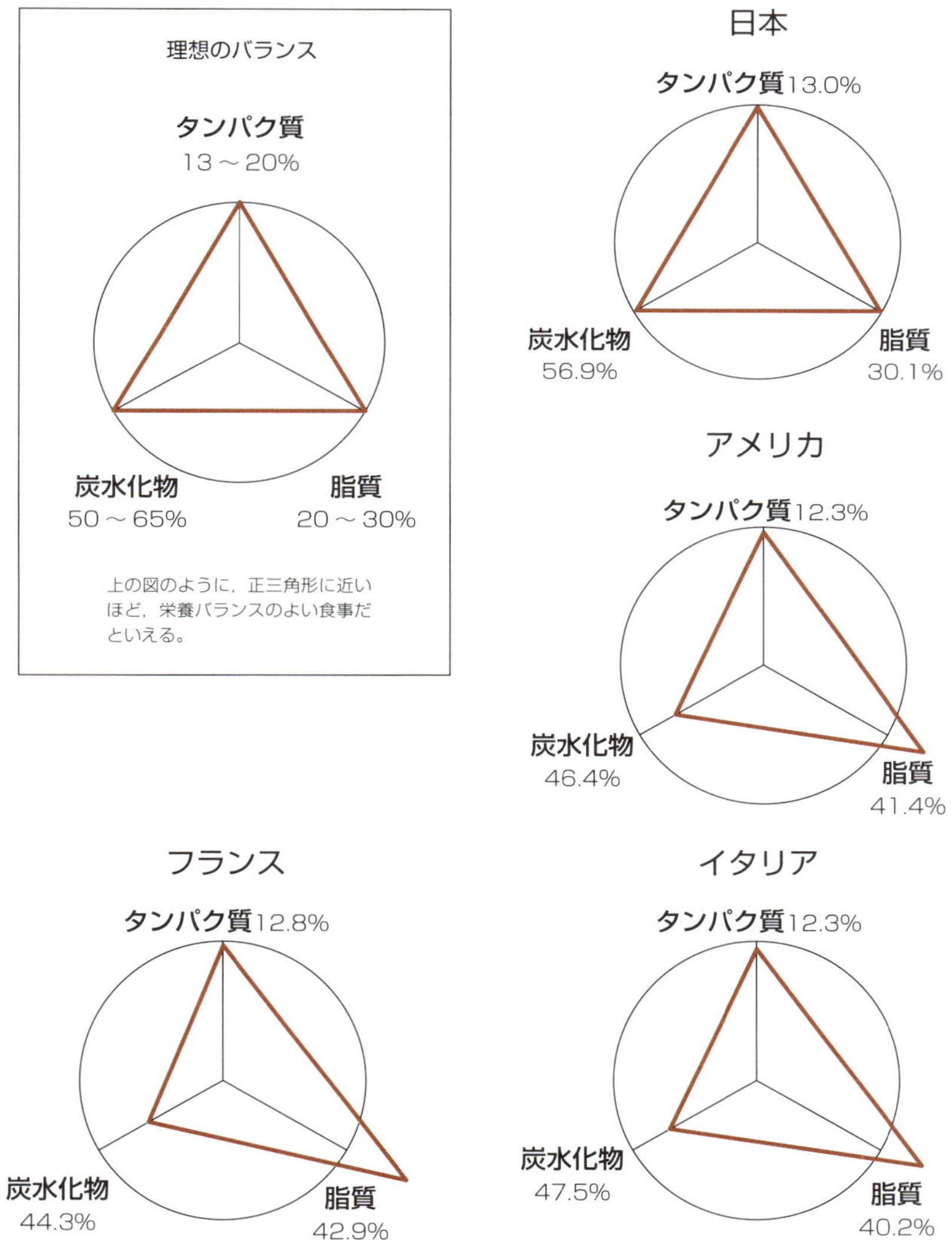

資料：農林水産省「食料需給表」（平成30年度）をもとに作成（諸外国は2013年）

コラム

コメのインバウンド

訪日旅行で日本の米飯（ご飯）のおいしさを知る

元号が平成から令和に改まった2019年5月。大型連休も活用して外国に出かけた日本人は月間143万人。同じ期間に日本を訪れた外国人は、その2倍に近い277万人。こうした訪日外国人旅行、外国人客をインバウンドと呼びます。

日本を何度も訪れるリピーター客も増え、モノよりもコト、つまり体験を楽しむ傾向が強まっています。「次回の日本旅行で再び、または初めて体験したいものは何か」と、観光庁が外国人旅行者約4万人にアンケートをとったところ、「日本食を食べる」が58%（複数回答）で第1位。本場（ホンモノ）の日本食を味わうことが、日本への旅行の大きな目的になっているのです。

各種日本食レストランが世界の主要都市で軒数を増やしている現在、日本に来て初めて日本食を知るというケースは多くないようです。箸の扱いも慣れている外国人旅行者が、以前から知っていたすし、和牛ステーキ、トンカツ、ラーメン、日本酒などのおいしさを、日本に来て発見または再発見するようで、そのなかに米飯も含まれています。

訪日外国人の数は18年に年間3000万人を突破しました。飲食費は1人1日約5000円というのが平均値。日本への旅行をきっかけに、ふっくらして粘りけのある日本式米飯、短粒種の日本米（ジャポニカ米）のファンになった外国人も多いそうです。

米の魅力でインバウンドを呼び込む

新潟県新発田《しばた》市は、地元産『コシヒカリ』と『こしいぶき』を17年から台湾に輸出しています。19年には県内初の試みとして、１俵（60kg）３万円で米のオーナーになってもらう制度をスタートさせました。５月には９人のオーナーが台湾から同市を訪れ、春祭りや田植えに参加しました。日本の米の魅力が、産地の新発田市に外国人旅行客を呼び込む力になっているわけです。なお、１俵３万円には輸出経費（約1.5万円）が含まれています。

インバウンドから少し意味が広がりますが、永住、業務、留学、実習などの目的で日本に長期滞在、定住する外国人も急速に増え、18年末で270万人を超えました。

とくに増加率が高いのはベトナムで、総数は33万人。中国、韓国に次ぐ多さです。4位はフィリピンの27万人。ベトナム人やフィリピン人が多く住む地域の米穀専門店、外資系会員制量販店などでは、米の売り上げが伸びているそうです。ベトナム人は日本人の3.4倍、フィリピン人は2.8倍近く米を食べる「ご飯好き」なことが大きな理由でしょう。

第2章

米の生産と水田の仕組みを知る

1 日本の土地利用と水田

生産力の高い水田稲作

日本の国土面積は約3780万haですが、約66%は森林で覆われており、農地として利用されているのは、12%にすぎません（2015年）。これは、海外と比べると低い割合で、たとえばアメリカは国土の約40%、フランスやオーストラリアは約50%、イギリスは約70%が農地として利用されています。

日本の農地は約444万haですが、そのうち水田は242万ha、畑は202万ha（2017年）です。主食である米を栽培するため、農地面積の54・4%が水田に使われています。

水田には、畑とは大きく異なる特徴があります。それは**連作障害**が起こらず、地力がそれほど落ちないことです。そのため、何百年にもわたり、同じ土地で米を作り続けることができます。一方、欧米で主食とされる小麦は畑で栽培されますから、連作障害を避けるため、**輪作**などをする必要があります。日本は農地面積は広くありませんが、水田稲作により、多くの人口を養うことができました。

中山間地域に広がる棚田

平野の外縁部から山間地までを含めた地域を**中山間地域**とよんでおり、国土の約7割が該当します。この中山間地域に、総農家数の44%が存在します。耕地面積全体の41%を占め、農業産出額の41%がここから生み出されています。

中山間地域の農地のうち、山の斜面や谷間の傾斜地に階段状に拓かれた水田は、畦畔《けいはん》の重なる形状が棚に似ていることから棚田とよばれています。日本の水田のうち、8%ほどが棚田であるといわれ、石川県輪島市の白米千枚田《しらよねせんまいだ》などがよく知られています。

用語

連作障害
同じ場所に、同じ作物、同じ科の作物を連続して栽培すると、収量が減ったり病害虫が発生しやすくなったりすること。特定の作物を育て続けることで、土壌微生物や養分バランスが偏ることが原因の一つといわれる。詳しくは47ページ。

輪作
一定の期間に、いくつかの作物を組み合わせて決まった順序で作付けること。作物は輪作を通じて養分の供給を受け、土壌中の病害虫も調整される。

中山間地域
山間部やその周辺など、平地に比べて農業生産条件が不利な地域。農林水産省により農業地

耕地面積、作付（栽培）延べ面積、耕地利用率

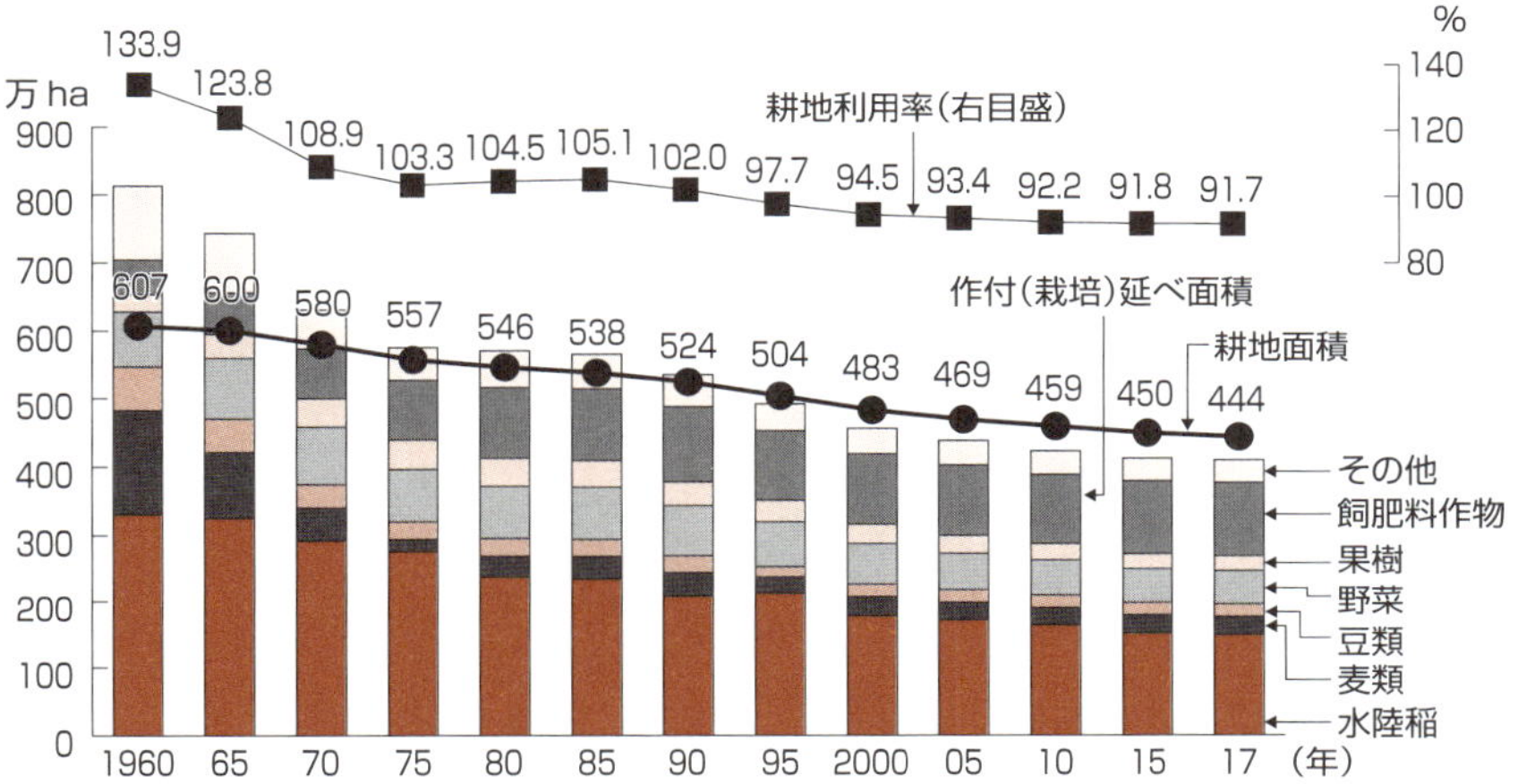

注：1）耕地利用率（%）＝作付（栽培）延べ面積÷耕地面積×100
2）その他は、かんしょ、雑穀、工芸農作物、その他作物
3）耕地利用率が100%を超えている年があるのは、二期作・二毛作などのため

資料：農林水産省「耕地及び作付面積統計」

各国の国土利用の状況

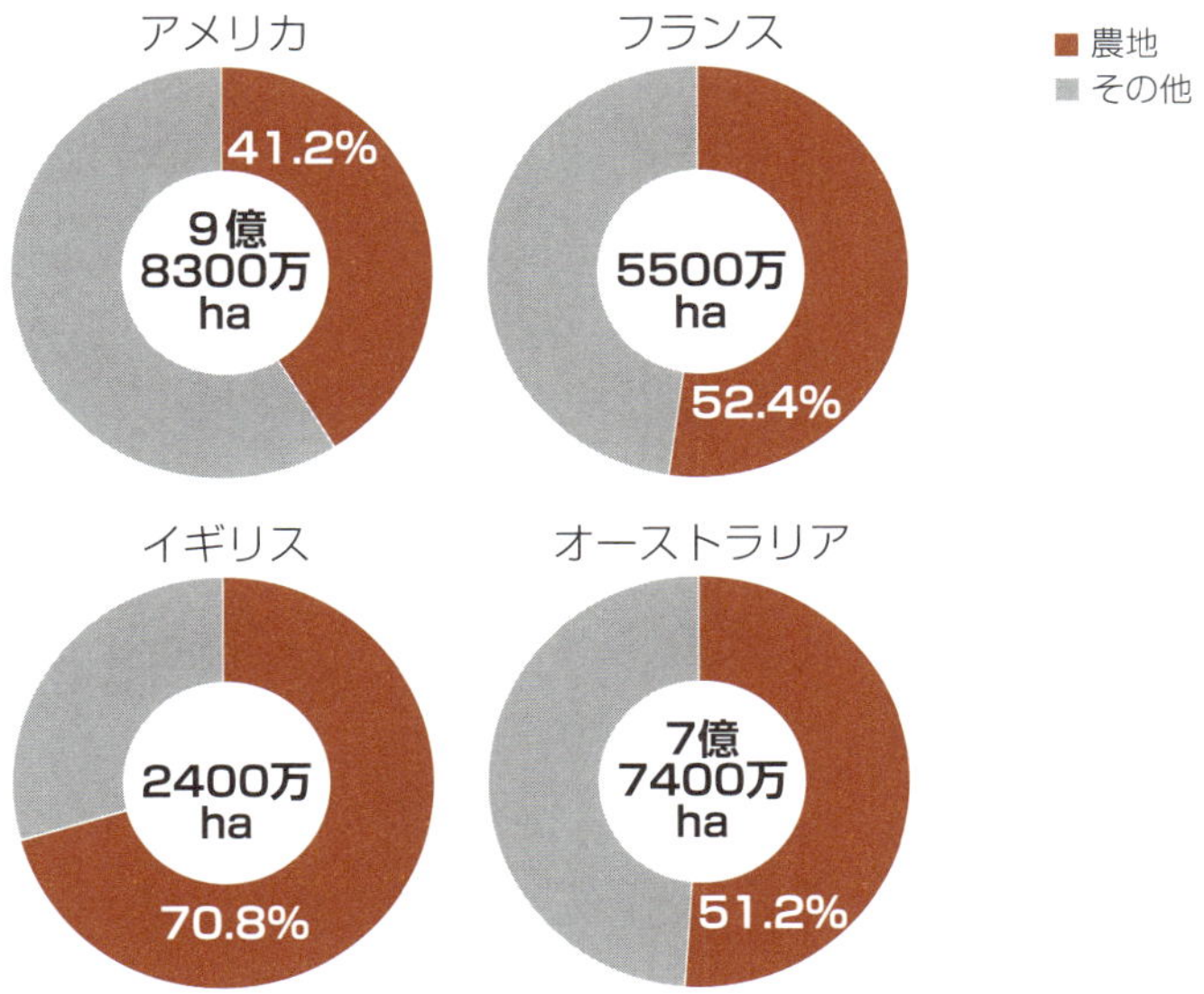

資料：農林水産省『主要国の農業関連主要指標』をもとに作成

域は、①都市的地域、②平地農業地域、③中間農業地域、④山間農業地域の4つに区分され、このうちの③④を指す。

2 米作りに適した気候、土とは?

豊富な水、平らな土地、昼夜の寒暖差

稲作に適した土地や気候風土には、3つの条件があります。

1つ目は、水が豊かなことです。稲の生育には、大量の水が必要です。そのため、近くに大きな河川の本流や支流があり、山からの雪どけ水が豊富な地域が適しています。また、山からの水にはミネラル分が豊富に含まれており、水と一緒に肥沃な養分が運ばれてきます。

2つ目は、広くて平らな土地であることです。現在の稲作は機械を使いますから、効率よく作業をするには、広くて平らな土地が適しています。

3つ目は、昼夜の温度差（寒暖差）が大きいことです。昼間、稲は日光を浴びて光合成をし、デンプンを作ります。デンプンの一部は、稲の生長のために使われますが、夜間の気温が低いと、余分なデンプンが消費されないですみます。そのため、昼夜の温度差が大きいと、デンプンがたっぷりと蓄えられ、おいしい米となるのです。

こうした気候風土に恵まれているところは、昔から「米どころ」といわれてきました。新潟県、秋田県、山形県、福島県などは、こうした条件を備えた米産地です。

よい土の条件は、養分、空気、有機物

「稲は土で作れ」といわれるくらい、米作りでは土が重要です。適した土には、3つの条件があります。

1つ目は、稲の生長に必要な養分が豊富に含まれていることです。**窒素**、**リン酸**、**カリウム**が肥料の3要素といわれますが、加えて稲の場合は**ケイ素**も重要な成分です。ケイ素には、葉を丈夫にし、病原

用語

窒素
葉や茎の生育を促して植物全体を大きくする。「葉肥」ともいわれる。

リン酸
花や実のつきをよくし、その品質を高める。「花肥」「実肥」ともいわれる。

カリウム
根や茎を丈夫にし、暑さや寒さへの耐性、病害虫の抵抗性を高める。「根肥」ともいわれる。

ケイ素
土砂や岩石の主成分。稲の場合は、葉や茎に含まれている。ちなみに、ケイ素が酸素と結びついたケイ酸は、ガラスの主成分となっている。

菌や害虫の侵入を防ぐ働きがあります。

2つ目は、水はけがよく、空気を十分に含んでいることです。このような土の中では稲の根が生長しやすく、養分や水分も吸収しやすくなります。ただし、砂地など水はけがよすぎる場合は、粘土質の土を混ぜるなど保水力を高める必要があります。

3つ目は、**有機物**を適度に含んでいることです。有機物は、土中で微生物によって分解されると、窒素やカリウムなどの養分になります。そのため、有機物を分解する微生物が生息しやすい環境であることも重要です。

ただ、すべての水田の土が、この条件を満たしているとは限りません。そのため、理想の土壌をめざして、さまざまな工夫をして土づくりをします。たとえば、土壌中に不足している養分があれば、足りない養分を肥料として施します。有機物は欠かせませんから、堆肥も重要になります。良質の米がとれる水田は、先人たちが苦労して作りあげてきた土に現在も支えられているのです。

都道府県別の米の収穫量（2018年）

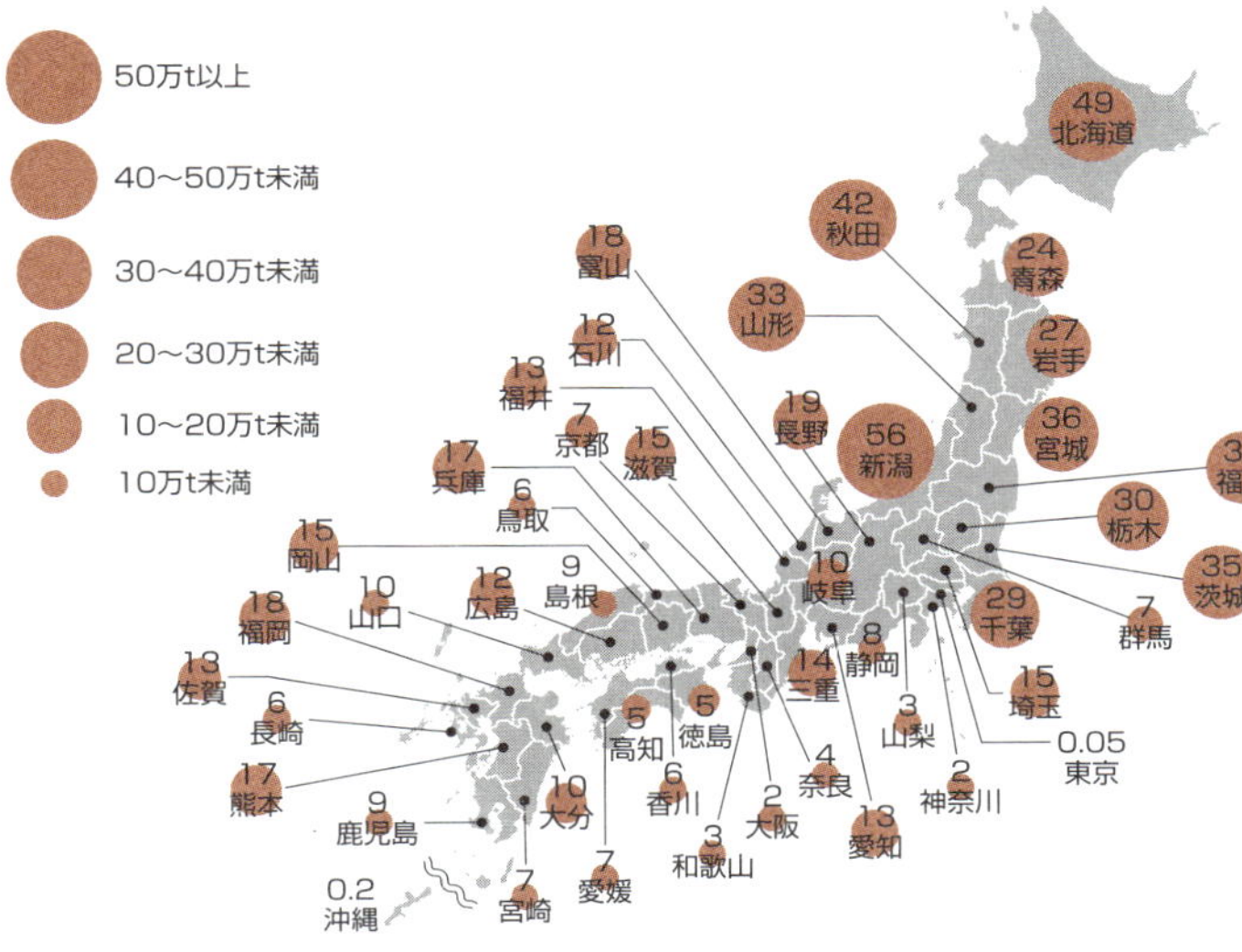

資料：農林水産省「平成30年産水陸稲の収穫量」をもとに作成

用語

有機物
生物に由来する炭素原子を含む物質のこと。落ち葉など動植物の遺骸、排泄物などに存在し、堆肥にも豊富に含まれる。微生物の働きによって、無機物に分解されると、植物の生長に必要な養分となる。

3 稲の一生と水田稲作の流れ

栄養生長期と生殖生長期

稲の一生は、自らの体を作る栄養生長期と、子孫を残すための生殖生長期の2つの時期に分けられます。そして、栄養生長期はさらに生育期・苗期・分《ぶん》けつ期に分けられ、生殖生長期は幼穂《ようすい》形成期・穂《ほ》ばらみ期・出穂《しゅっすい》期・登熟《とうじゅく》期に分けられます。

順を追ってみていきましょう（日数などは標準的な例です）。まず、育苗箱にまかれた種籾《たねもみ》は2〜3日後に発芽し（生育期）、20〜25日後には、13〜15cmほどの大きさに育ちます（苗期）。ここまで育ったら田植えが行われ、生長の場が水田に移ります。

田植えから10〜20日ほどで、苗の根元から新しい茎が出てきます。これを分けつといい、この時期が分けつ期に当たります。植えられた直後は頼りなかった幼い苗ですが、分けつを繰り返すことで茎を1株20〜25本まで増やし、しっかりと根を張っていきます。

分けつ期を過ぎると、茎の中で穂の赤ちゃんにあたる幼穂ができていきます。この時期が幼穂形成期です。そして、幼穂がしだいに大きく生長し、穂が出るまでの間を穂ばらみ期といいます。幼穂形成期と穂ばらみ期は、合わせて24〜25日程度です。

いよいよ、茎から穂が出てきました（出穂期）。緑色の穂には数日後に小さな花がつきます。花の受精が終わると、米粒を太らせる登熟期を迎えます。出穂後、約35〜40日が過ぎると、穂が垂れ、籾は黄色く色づきます。そして、収穫を迎えるのです。

種籾の選別から収穫まで

稲の一生は、人の手によって支えられています。「苗半作《なえはんさく》」といわれるくらい、苗作りは水稲栽培にとって重要な仕事です。まずは、充実した種籾だけ

稲の一生と主な農作業

稲の生育

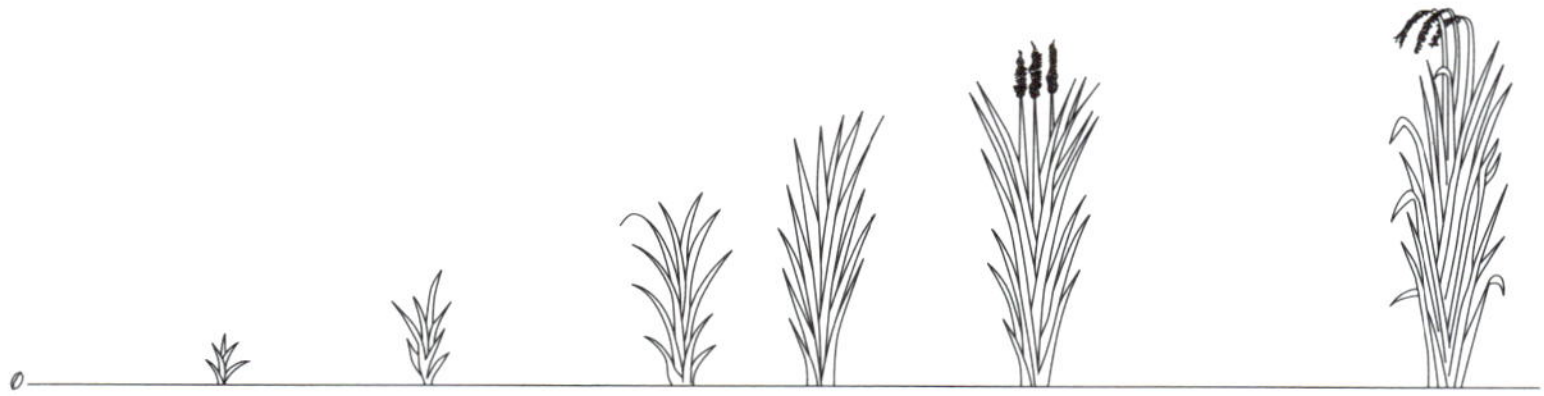

生育期	苗期	分けつ期	幼穂形成期	穂ばらみ期	出穂期	登熟期

栄養生長期 → 生殖生長期

主な作業

- 種まき
- 育苗の準備（塩水選 浸種）
- 田の準備（耕起 代かき 施肥）
- 移植（田植え）
- 除草
- 病害虫防除
- 追肥
- 中干し
- 追肥
- 病害虫防除
- 追肥
- 追肥
- 病害虫防除
- 落水
- 収穫

をまくため、種籾を一定の濃度の塩水につけ、沈んだものだけを選びます（**塩水選**）。そして、病害虫予防のための消毒をした後、発芽をそろえるため水につけます（**浸種**）。その後加温して、1㎜ほどの芽が出た状態になれば、いよいよ種まきです。

　田植機が普及した現在では、多くの場合、種籾は土の入った育苗箱にまかれます。そして、育苗器などに入れて加温し、土から芽を出させます。その後は、ビニールハウスの中などで育てられ、田植えを待ちます。

　ハウスでの育苗と同時進行で、水田の準備も進めていきます。まずは耕起です。田に水を引く前にトラクターで土を掘り起こし、固まった土を砕いてやわらかくします。その後、田に水を張り、トラクターを使って田の土を砕き、やわらかくした後に平らな状態にします。これが代《しろ》かきです。水漏れや雑草がしげるのを防ぎ、田植えをしやすくすることが目的です。このとき肥料も施します（**表層施肥**）。

　田の準備が整ったら、苗を田植機で植えます。苗は2〜4本を1株にまとめ、15〜20㎝の間隔で植えていきます。また、稲を植えた列を条《すじ》といいますが、条の間隔は、人が歩いて通れる30㎝ほどです。

　田植え後の主な作業は、水管理、追肥、除草、害虫防除です。

　田んぼには、つねに水が張られているイメージがありますが、稲の生育状況に合わせて、水の深さは変えられています。また、土中に酸素を送り込んで根を健全に保つため、分けつ期の最後には、田んぼから完全に水を抜きます。これを中干《なかぼ》しといいます。また、収穫の前にも水を抜きます。

　追肥は、稲の生育状態に合わせて、数回にわたって追加の肥料を施すことです。

　病虫害や雑草の発生を抑えるための主な手段は、農薬や除草剤の散布が中心となりますが、環境への影響を考え、害虫を食べる天敵を利用したり、アイガモなどを使って除草したりする場合もあります。

　そして、秋になり田んぼが黄色く色づくと、収穫が始まるのです。

用語

塩水選
種籾を一定濃度の塩水につけると、充実した種子は底に沈むが、未熟な種子は水面に浮かぶ。塩水を使うのは、真水よりも物を浮かす力が大きいため。塩ではなく、硫酸アンモニウムを使う場合もある（比重選）。

浸種
種籾は、発芽をそろえるため、10〜15℃の水に7〜10日間ひたす。

表層施肥
肥料が土の表層に分布するので、初期生育は盛んだが、その後、生育の勢いが衰えやすい。なお、元肥の施肥方法には、耕起前に行う「全層施肥」や、田植えと同時に行う「側条《そくじょう》施肥」などもある。

4 なぜ、水田では連作障害が起きないのか？

畑では連作障害が発生する

水田では毎年、同じ作物である稲が、繰り返し育てられてきました。

畑では、そうはいきません。同じ場所に、同じ作物、あるいは同じ科の作物を2年以上連続で栽培すると、収穫量が減ったり、病害虫が発生しやすくなったりする**連作障害**が発生することがあるからです。

作物には、それぞれ、生長に必要な養分があります。そのため、同じ作物だけを育て続けると、土中から特定の養分だけが使われてしまい、土の養分バランスが崩れ、収量の低下につながります。また、土の中に、その作物を好む病原菌や害虫が増えるため、病虫害の被害も大きくなります。

それを防ぐため、畑では、**輪作**が行われています。たとえば北海道では、麦、テンサイ（ビート）、豆類、ジャガイモなどが毎年順番に作られています。

連作障害が起きない秘密は水にあり

ところが水田では、毎年、稲が育てられてきました。どうして稲には、連作障害が起こらないのでしょう。

水田と畑の大きな違いは、田んぼには水が張ってある、つまり湛水《たんすい》されているということです。

田んぼに水をためることによって、土壌中の酸素が少ない状態になり、有害な微生物や菌類は死滅します。また、土の中にたまる有害物質も洗い流され、雑草の発生を抑える効果もあります。

そして、河川や用水から田んぼに流れ込んでくる水には、落ち葉から溶け出した**窒素**や**リン酸**、微量元素など、豊富な養分が含まれています。

また、水を張ることで藻類が発生しますが、一部

用語

- **連作障害** →40ページ
- **輪作** →40ページ
- **窒素** →42ページ
- **リン酸** →42ページ

の藻類には、空気中の窒素を取り込み、稲が養分として利用できるようにする働きがあります。つまり、水を張ることによって毎年多くの養分が補給されることになるのです。

　水を張ることによって、水田の土壌中は酸素が足りない状態になっていますが、これを**還元**状態といいます。日本の土壌は一般的に酸性といわれますが、還元状態にある田んぼでは、**pH**が上昇して中性になり、稲の生育に向いた環境になります。また、微生物の活動が鈍くなることから、根や葉などの**有機物**がゆっくり分解され、長期間にわたって稲に養分が供給されます。

　また水は、**比熱**が大きいため、温まりにくく冷めにくいという性質があります。水を張ることで、温度の急激な上昇を防ぐことができますし、気温が下がった場合には、保温効果もあります。

　東北や北海道などの寒冷地で稲作を行えるのは、このような水の性質を利用していることもあります。

連作障害の仕組み

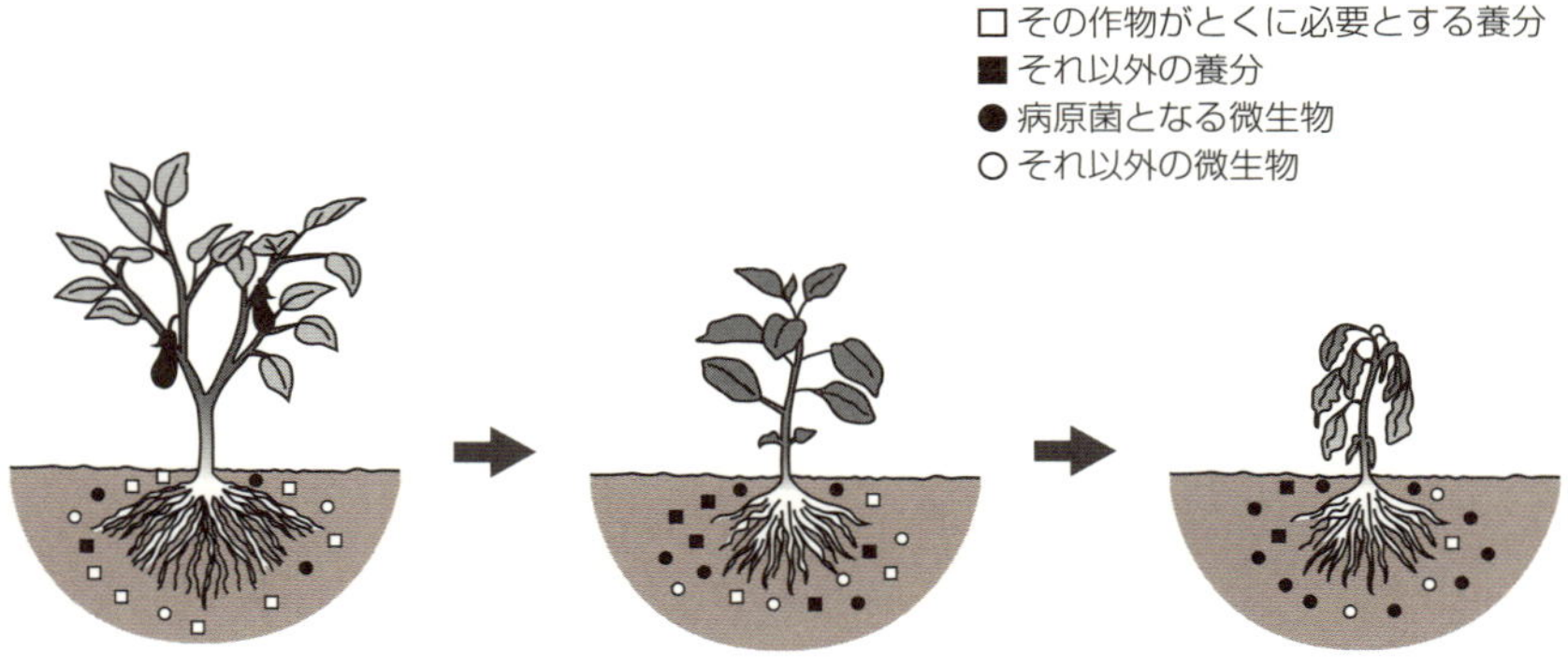

土中にあるその作物の好む養分が使われる。その作物を好む病原菌が増える

同じ科の作物を植え続けるとさらに同じ養分が使われ、病原菌も増える

土中からその作物が必要な養分が少なくなり、病原菌が増えることで、作物が育たなくなる

還元
酸素と結びついていた（酸化された）物質から、酸素が奪われること。

pH
水素イオン指数とよばれ、物質が酸性かアルカリ性かをあらわす。pH7が中性で、それより数値が小さければ酸性、大きければアルカリ性。

有機物
→43ページ

比熱
物質1gの温度を1℃上げるのに必要な熱量。気体を除いた全物質のなかでは、水の比熱がもっとも大きい（温まりにくく、冷めにくい）。

5 米作りに使う農薬と化学肥料

病害虫や雑草を抑える農薬

戦後、品種改良や土壌の改良などが進み、米の収穫量は大幅に増えましたが、農薬と化学肥料も大きな役割を果たしました。

水田は、稲という単一の植物が育つ空間です。そのため一度**病害虫**が発生すると、多様な生物が育つ自然の生態系に比べ、被害が大きくなりやすい傾向があります。稲の病害虫のなかで、被害が大きく防除が必要なのは、病気が約20種、害虫が30〜40種です。そこで現在は、病害虫の発生をできるだけ早く予知・発見し、殺虫剤や殺菌剤を散布しています。薬剤は、液剤、粉剤、粒剤の3つに分けられます。

水田に生える雑草でとくに防除が必要なのは、30種類ほどです。かつては、除草剤を3回程度散布しましたが、現在は田植え後の1回ですむ「一発除草剤」も増えています。除草剤や農薬には粒剤や液剤などのタイプがあります。農薬として使える薬剤は、法律により厳密に種類が決められ、使用時期や回数も制限されています。

稲の生長を支える化学肥料

植物は、土中の養分を吸収します。自然の状態なら、枯れれば微生物に分解され、養分は土に戻ります。しかし水田では、籾や稲わらの一部が外に持ち出されてしまうため、稲が吸収した養分の一部は土に戻りません。その場合、不足する養分を補うため、肥料を施す必要があります。現在は多くの場合、堆肥などとともに、肥料成分を含む鉱石などから化学的に生成した化学肥料が施されています。使われるのは、稲の生長にとくに重要な**窒素**、**リン酸**、**カリウム**で、**ケイ素**が施されることもあります。

用語

病害虫
稲の病気では、いもち病が代表的。カビの一種が原因で、葉や茎を枯らす。害虫では、イナゴやウンカがよく知られている。ウンカは東南アジアなどから飛来する5㎜ほどの虫である。これらの病害虫の発生は、凶作や飢饉の原因となった。

窒素・リン酸・カリウム・ケイ素
→42ページ

6 米作りに使う農業機械

戦後、農業の機械化が進む

戦前の日本では、人や家畜の力を総動員した農業が営まれていましたが、戦後は急速に機械化が進みました。その背景には、１９５０年に起きた朝鮮戦争の特需による、機械工業の復興もあります。そして、53年には**農業機械化促進法**が制定され、国によって農業機械の普及が進められました。

その後、50～60年代の高度経済成長期には、農村部から都市部へ人口の大移動が起こりました。この頃になると、牛馬に代わって、機械による農作業が広く行われるようになります。

当初は、歩きながら押して使うタイプの耕うん機や**バインダー**が使われていましたが、60年代に入ると、乗って運転するタイプの**トラクター**や**コンバイン**が普及していきます。そして、機械化が進んだことで、短い労働時間で稲作を行うことが可能となりました。

日本で独自に開発された農業機械

稲作のため、日本で独自に開発された農業機械があります。それが、田植機と自脱型コンバインです。田植機が実用化されたのは、60年代後半のことです。植付爪で小さい苗（稚苗）をはさみ持って土に植えていく仕組みで、一度に複数条（列）の苗を植えられるようになりました。この機械の登場で、農家は腰を曲げての田植え作業から解放されました。

当初、田植機は歩きながら押して使う形式でした。それが、70年代になると、乗って運転するタイプが普及し始め、耐久性・操作性・安全性などの面で性能が向上していきます。現在では全農家の半数以上が田植機を所有し、ほとんどの稲は、機械で植えら

用語

農業機械化促進法
農業の機械化を進め、農業生産力の増進と農業経営の改善に寄与することを目的とする。具体的には、農業機械の開発を支える体制などを整えたり、農業機械を購入するさいに国が補助をしたりするなどの内容が盛り込まれている。

バインダー
稲を刈り取って、1束ずつ束ねる機械。

トラクター
後ろに取り付けられた作業機などを牽引するための車。農作業では、おもに田畑を耕すさいに使う。

コンバイン
収穫に用いる農業機械。正式にはコンバインハ

れています。現在も技術開発が進んでおり、**GPS**を利用した自動運転田植機も市販されています。
もう1つの日本独自の農業機械が、自脱型コンバインです。コンバインは、稲や麦などを刈り取り、**脱穀**する機械です。もともと欧米で開発されましたが、外国産の大型の機械（普通型コンバイン）は、日本の小さな水田には向いていませんでした。また、茎ごと脱穀していくため、籾が傷つくことがあり、ロスも少なくありませんでした。

そこで66年、国産メーカーの井関農機によって、日本の小さな水田に合わせ、なおかつ籾のロスが少ない自脱型コンバインが開発されました。自脱型では、刈り取った稲の穂先だけを脱穀装置にかけて脱穀します。こうすることで、籾が傷つくのを防ぐことができるようになりました。

自脱型コンバインの場合、稲の残りの部分は束ねて回収されたり、細かく刻まれて水田に撒かれたりします。刻まれた稲わらは土にすきこまれ、翌年の水田の養分になります。

農業機械の保有台数の推移

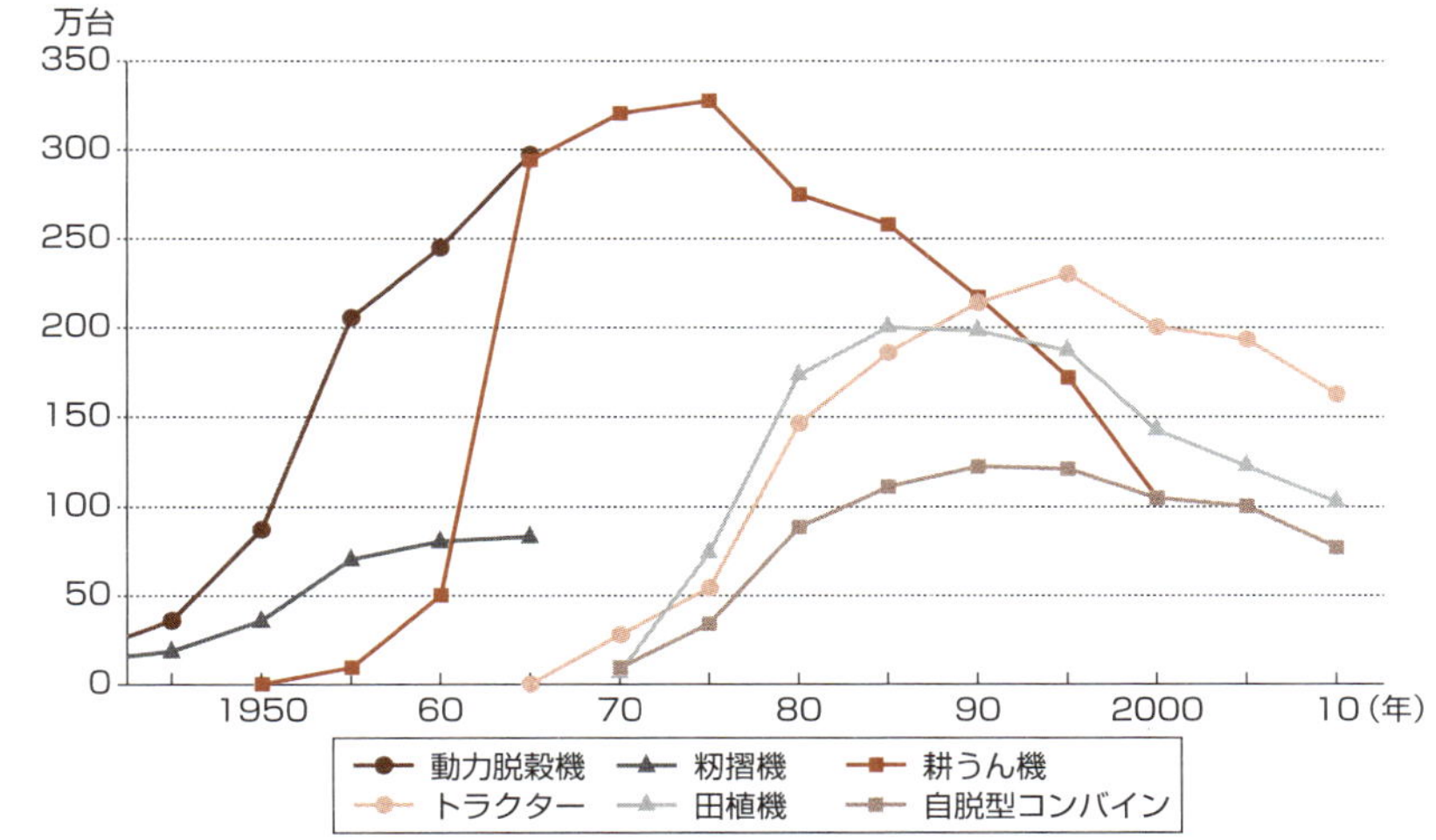

注：動力脱穀機はコンバインの普及により、籾すり機は共同乾燥調整施設のライスセンターや、カントリーエレベーターの設置により、個人所有しない農家がほとんどになっている。

資料：農林水産省「農業機械をめぐる情勢」

ーベスター。旧来の収穫作業は、穀物を手刈りやバインダーで刈り取り、その後に脱穀機で脱穀、と2段階で行われていたが、それを同時に1台で行えるようになった。

GPS
グローバル・ポジショニング・システムの略。農業分野での研究も進み、農業機械が自分の位置を正確に知ることで、自動走行はもちろん、行うべき作業を自動認識して遂行することも可能になるとされる。

脱穀
→19ページ

7 普及が進んだ水稲の栽培技術

栽培方法で育ちも変わってくる

同じ品種の稲を、同じ地域で育てたとしても、苗の植えつけのタイミングや肥料の施し方、水管理などの違いにより、育ち方もずいぶんと異なります。よく知られた栽培方法をいくつかみてみましょう。

成苗2本植え栽培　現在では、機械で扱いやすい、葉の数が2枚半程度の小さな苗（稚苗）を植えるのが主流です。しかし、手植えが中心だった1960年代までは、葉の数が5枚程度に育った大きめの苗（成苗）を植えていました。苗が大きければ出穂までの日数が短くなるため、現在でも、気温の低い北海道や東北、標高の高い地域では成苗を植えています。

無農薬栽培でも、成苗を2本程度ずつ、株間を広くとって植えることがあります。葉が密生しないので、病害虫の発生を抑えることができるからです。

V字稲作　田植え直後に、効き目の早い化学肥料を施して分けつを急がせ、早い時期に茎の本数を増やす栽培方法です。大量の化学肥料を使い、収量を増やすことをめざします。生育の早い段階では、水田の中で葉が混み合うため、病害虫も発生しやすくなりますが、農薬で抑えます。また、肥料の効き目が長もちしないので、出穂前にも追肥をします。田植えから出穂までの葉の色が、初めと終わりは濃い緑色、生育中期は薄い緑色というようにVの字形に変化するので、V字稲作とよばれます。戦後の稲作の中心的な栽培法で、現在も広く行われています。

への字稲作　田植え後の分けつを急がせるV字稲作とは異なり、ゆっくり分けつさせ、幼穂形成期まで

用語

V字稲作
化学肥料と農薬と細かい水管理が必要な栽培法で、戦後の食料増産が不可欠な時期に、農学者の松島省三によって提唱され普及した。

に必要な茎の本数まで増やす栽培法です。元肥を施さなかったり量を減らしたりすることでゆっくり生長させ、化学肥料でなく、効き目がゆるやかな**有機質肥料**を使う人もいます。稲の勢いは生育中期がもっとも盛んで、葉の色も、生育中期に濃くなり、収穫期に向けて薄くなっていきます。このように、田植えから出穂までの葉色をへの字形に変化させていく特徴から、**への字稲作**とよばれています。肥料代を安く抑えることができ、病害虫に強い稲を育てることができるといわれます。無農薬で栽培することもできるため、各地の銘柄米や特別栽培米を育てるときに活用されています（62ページ）。

深水栽培　稲の分けつを抑え倒れにくくし、さらには雑草がしげらないよう水没させる目的で、田の水位を一定期間、深く保つ栽培法です。水位を高くすると、稲は酸素を求めて上へ伸び、分けつに養分が回りにくくなり、茎の数が少なくなります。茎も太くなり、登熟のよい大きな穂ができます。

V字稲作とへの字稲作の生育のイメージ

V字稲作の場合は、生育初期の生長が旺盛で、生育中期で葉色が薄くなるが、追肥をすることで出穂期にふたたび勢いを盛り返し葉色が濃くなる。一方への字稲作の場合は、生育中期の葉色がもっとも濃く、後半はゆっくりと葉色が薄くなる。

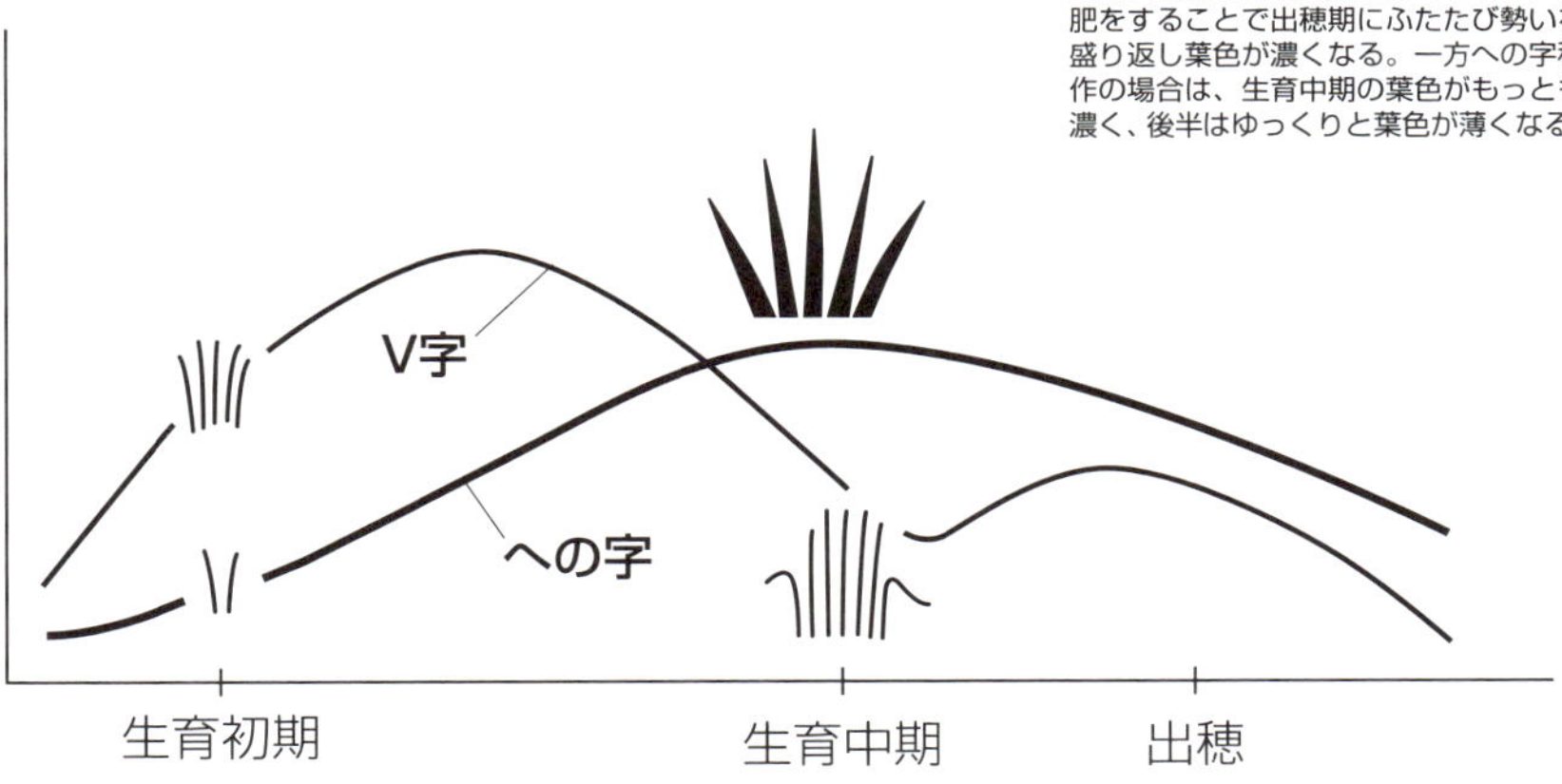

資料：農山漁村文化協会「ルーラル電子図書館」をもとに作成

用語

有機質肥料
魚かすや鶏糞、油かすなど原料が動植物に由来する肥料。土に施用された後、分解されてから養分があらわれてくるので、化学肥料よりも効き目がゆるやかになる。

への字稲作
兵庫県の篤農《とくのう》家、井原豊によって提唱され、V字稲作との対比で語られることの多い栽培法。深水や疎植、有機肥料などと合わせたり、無農薬で栽培したりすることも可能。

8 湿田・乾田の違いと土地改良の歴史

湿田から生産性の向上をめざして乾田へ

水田には、湿田《しつでん》と乾田《かんでん》があります。

ふだん目にする機会が多い田んぼは、収穫が終わると水が抜かれ、冬の間は地表があらわれます。こうした田が、乾田です。

冬の田んぼに水がないのは、今でこそ当たり前の光景ですが、用排水設備が整っていなかった戦前は、泥田や沼田などとよばれ、一年中ぬかるんでいる水田がたくさんありました。これを湿田といい、水はけの悪い田んぼで、人々は苦労をしながら米作りをしていました。

稲作が始まった当初は、小さな河川の流域などに広がる湿地などで稲を育てていました。こうした湿地が、湿田に発展していきます。

現在でも、排水の悪い低湿地や、人工的に水を引くことができず雨水や湧き水を利用している地域には、湿田が分布しています。

ただし、つねにぬかるんだ状態の湿田は、稲の生育にかならずしも適した環境とはいえません。酸素不足となった土の中では、微生物の働きにより硫化水素が発生しており、稲の根腐れの原因となるからです。また、土壌基盤が軟弱なため、農業機械の導入にも支障をきたします。

それに対して乾田は、収穫を終えた冬の間に水を落とすことで、土を乾かすことができます。そのあいだに土中に十分な酸素が供給され、稲の生育に適した環境がつくられます。

また、稲の収穫後に麦やソバを育てる二毛作も可能です。土壌基盤も固く農業機械が入りやすいので、高度経済成長期には多くの湿田で、排水路や暗渠《あんきょ》の整備などによって乾田化が進められました。

用語

暗渠
地下に埋設された河川や水路。農地の場合、土中に管を埋設するなどして、土壌中の過剰な水を集め、排水路に流している。

土地改良で稲を育てやすい環境に

土地の生産性を高めたり、農業がしやすいように整備したりすることを、土地改良といいます。

日本では明治時代以降、乾田化を中心に、土地改良が進められました。当時、乾田化と併せて進められたのが馬耕でした。そのため、馬を使って土を耕せるよう、水田の形や大きさも整えられました。

高度経済成長期の1963年には、圃場《ほじょう》整備事業が制度化されます。圃場整備とは、農地や農道、用水路、排水路などの整備を一体的に行うことです。たとえば、小さな水田がたくさん集まったところでは、それらをまとめ、1枚の大きな水田にします。こうすることで、大型機械の導入が可能になり、作業効率を向上させることができます。1戸当たりの耕作面積を広げることもできますし、生産コストを下げることにもつながります。その結果、現在では日本全体の田んぼのうち、65％の水田が、比較的大きな30ａ以上の広さの区画に整備されています。

暗渠の仕組み

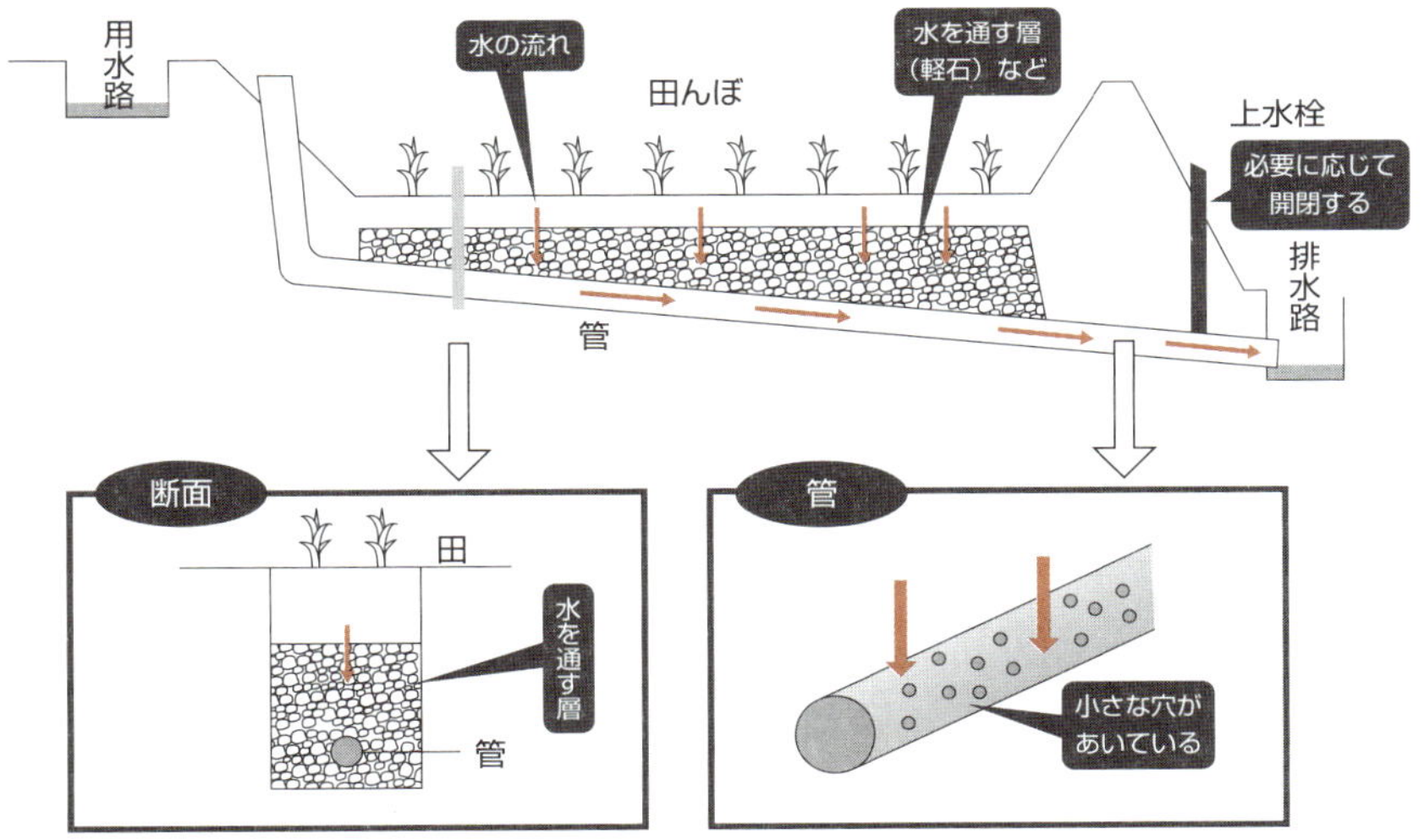

資料：『熊本日日新聞』（2013年08月19日）をもとに作成

9 収穫後に米を安定して調製・出荷する施設

～カントリーエレベーターとライスセンター～

長期間保管して、継続的に出荷する

日本のほとんどの地域では、米の収穫は原則として秋の1回だけですが、消費に関しては、年間を通じて一定の量の米が継続的に必要とされます。そこで産地では、米を安定的に供給するため、集荷した米を、品質を保ちながら保管しています。

田んぼで収穫された籾は、水分量が多く、さらに粒ごとの含有率にもばらつきがあるため、そのままでは長期保存ができません。そこで、水分量が15％程度になるまで乾燥させる必要があります。そして、そのような籾を保管しながら、必要に応じて**籾すり**などの**調製**作業を行い出荷しています。

このような作業には、専用の設備が必要なうえ、手間もかかるため、農家が個人で行うのは、効率的ではありません。

そこで、いくつもの農家が共同で利用するための施設が造られました。それが、**カントリーエレベーター**とライスセンターです。

カントリーエレベーターは、籾の乾燥、保管、そして籾すりなどの調製を1か所で行う大規模な施設です。ライスセンターは、籾の乾燥と籾すりなどの調製作業は行いますが、籾の保管機能を有するものは少なく、規模も比較的小さい施設です。

カントリーエレベーターは、1964年に、当時の農林省がモデルプラント設置運営事業をスタートさせ、60年代後半から、全国各地で建設が進みました。その後、70年代から80年代前半にかけては、ライスセンターの建設が増えていきます。90年代にはカントリーエレベーターの建設が主流となりますが、両者の建設がほぼ一巡したことから、2000年に入ると新規の建設数は減っていきます。

用語

籾すり
↓19ページ

調製
収穫した農作物を、市場に出荷するため一定の基準に合わせて整えること。米の場合は、籾すり、精米などが相当する。

カントリーエレベーター
収穫した米を調製・保管する施設。名前の由来は、おもに田舎（カントリーサイド）にあり、動力を利用して貨物を上下に運搬する装置（エレベーター）を持つ施設だったことによる。

品質が均質化される

では、カントリーエレベーターやライスセンターに持ち込まれた米は、出荷までのあいだ、どのように保管されるのでしょうか。

まず、農家が脱穀して持ってきた籾は、1か所に集められて、大きなゴミが自動的に取り除かれた後、重さが量られます。そして、水分量を調整するため乾燥機に入れられます。

ライスセンターではこの後、籾すりをして玄米にします。そして玄米は、倉庫で保管されます。

カントリーエレベーターでは、乾燥させた籾はエレベーターでサイロと呼ばれる貯蔵庫へ運ばれます。籾は低温でサイロに保存されるため、1年程度貯蔵してもさほど味に影響はありません。

カントリーエレベーターでは、地域の農家が収穫した籾をすべて同じように乾燥させて貯蔵するので、均質化された米になり、品質のばらつきがなくなるというメリットもあります。

カントリーエレベーター、ライスセンターの設置数(年別)

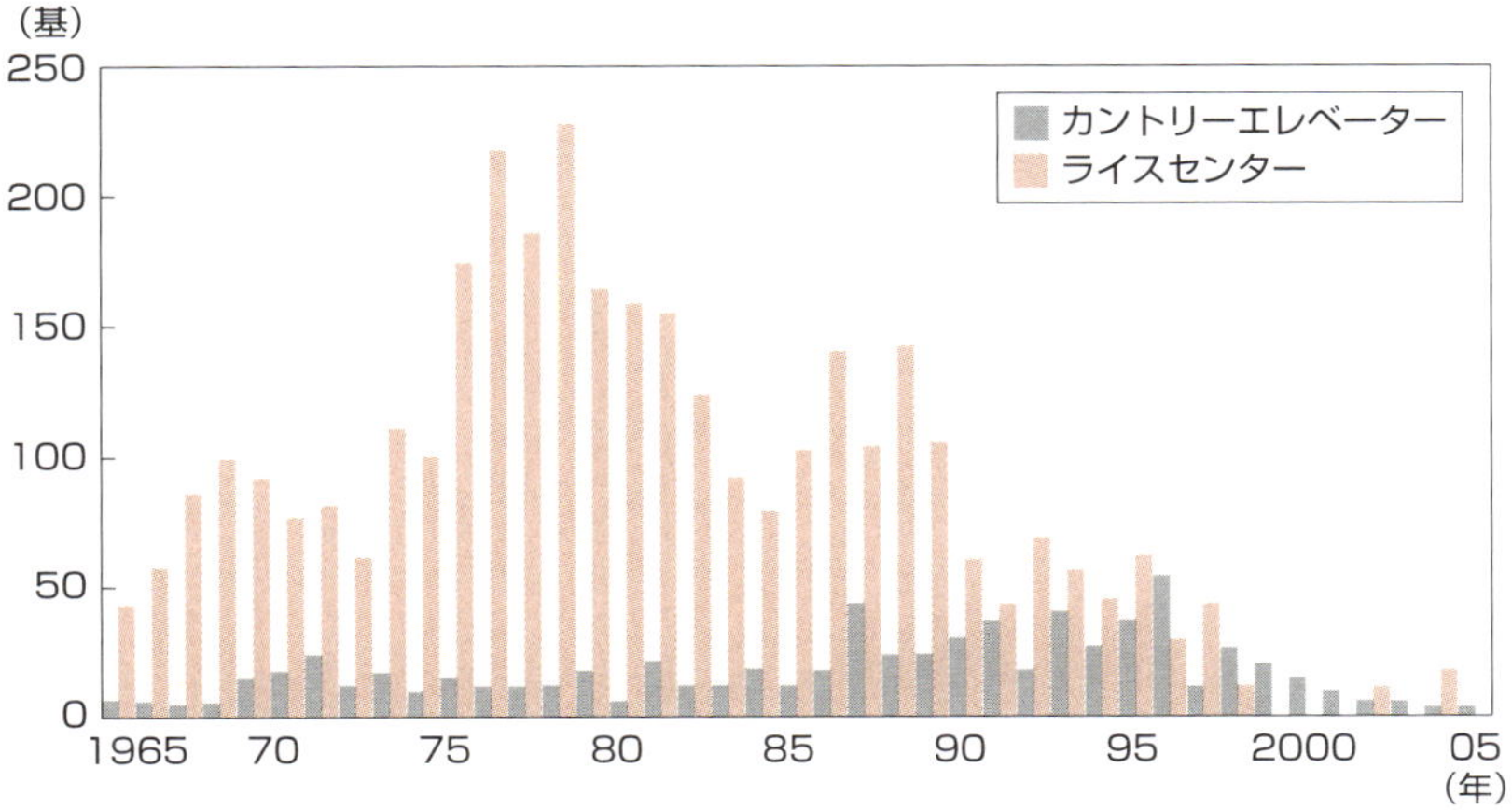

資料：農林中金総合研究所『農林金融』(2011年3月号)をもとに作成

用語

脱穀 ↓19ページ

10 水田が持つ多面的機能

水田は米を作るだけの場所ではない

水田は、食料である米を生産する場です。しかし、水田が持つ機能は、それだけではありません。農村で米作りが持続的に行われることによって、人々の暮らしには、直接的あるいは間接的に、多様な恩恵がもたらされています。そして、それらは水田が持つ多面的機能とよばれています。

洪水を防ぐ機能

周囲を畦畔で囲まれた水田は、大雨が降ったときに雨水を一時的に貯留し、下流や周辺に少しずつ時間をかけて流していく働きがあります。これによって、洪水を防止したり、被害を軽減したりする機能を果たしているのです。水田は、「天然のダム」といってよいでしょう。

土砂崩れを防ぐ機能

水田では、雨水はゆるやかに地下へ浸透していくため、地下水位の急激な上昇を防いだり、地滑りなどの災害を防止したりする働きがあります。とくに**中山間地域**に拓かれた棚田は、斜面の崩壊を未然に防いできました。

土壌の侵食、流出を防ぐ機能

田んぼに張られた水や畦畔は、雨や風によって土壌が侵食されたり、河川へ土砂が流出したりすることを防いでいます。

川の流れを安定させ、地下水を供給する機能

田んぼに利用される灌漑《かんがい》用水や雨水は、時間をかけて河川に流れ込むため、河川の水量が安定的に保たれています。また、灌漑用水や雨水は地下に浸透

用語
中山間地域
↓40ページ

農業・農村の多面的機能

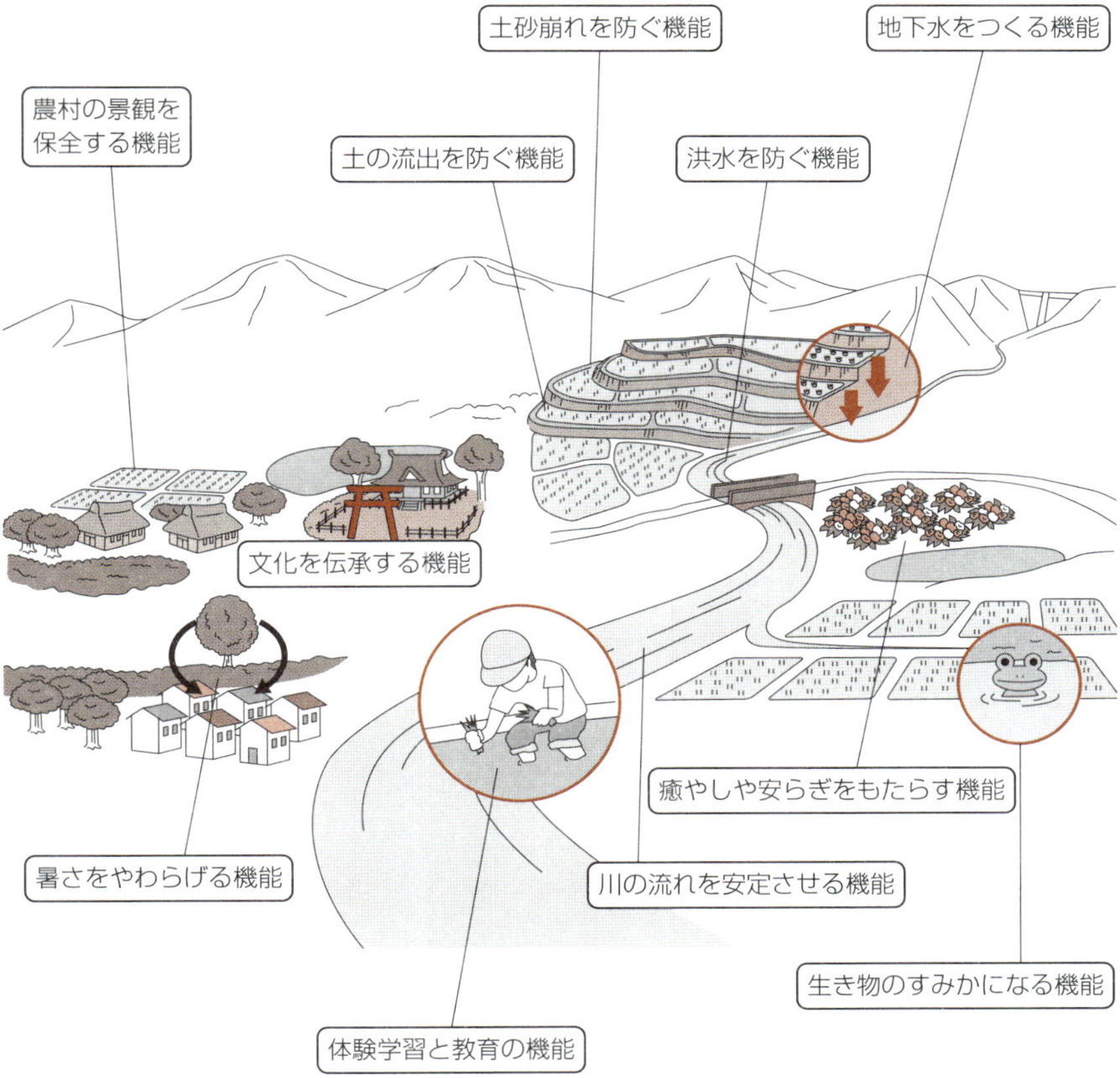

資料：農林水産省HPをもとに作成

して地下水にもなり、下流地域の生活用水や工業用水にも活用されています。

暑さをやわらげる機能

水田の周囲では、田んぼの水面から蒸発した水分や、稲が蒸散した水分によって空気が冷やされます。この涼しい空気が風により市街地に運ばれ、気温を下げて暑さをやわらげます。

生き物のすみかになる機能

水田は多くの生き物のすみかになっており、NPO法人農と自然の研究所による調査では、「田んぼの生き物」として5600種もがリストアップされました。

コウノトリやトキ、タガメなど、水田で暮らしている生き物には、絶滅の危機に瀕しているものもいます。そして、それらの生き物を支える環境は、毎年、農家が米作りをすることによって、守られているのです。

農村の景観を保全する機能

稲が黄金色にみのり、赤トンボが舞う農村の風景は、「日本人の心のふるさと」ともいわれますが、この風景は、稲作が行われることによってつくりだされ、維持されています。農家が米作りをやめてしまったら、わずか数年で、日本の農村は荒れ果てた風景になってしまうでしょう。農村の風景を「自然のもの」と思っている人は多いですが、人の手が加わることによって維持されているのです。

また、このような景色、そして自然環境は、農村を訪れる人たちに癒やしや安らぎをもたらします。

文化を伝承する機能

日本の年中行事の多くは、稲の豊作など五穀豊穣を祈る祭事に由来しています。都市部では失われつつあるそれらの行事には、農作業と密接に関係しているものがたくさんあり、農村部では今もしっかりと守られています。また、米作りの共同作業にまつわる祭りが残っている地域もあります。

農業の多面的機能の貨幣評価

機能の種類	評価額（年）	評価方法
①洪水防止機能	３兆4988億円	水田および畑の大雨時における貯水能力を、治水ダムの減価償却費および年間維持費により評価（代替法）
②河川流況安定機能	１兆4633億円	水田の灌漑用水を河川に安定的に還元する能力を、利水ダムの減価償却費および年間維持費により評価（代替法）
③地下水涵養機能	537億円	水田の地下水涵養量を、水価割安額（地下水と上水道との利用料の差額）により評価（直接法）
④土壌侵食（流出）防止機能	3318億円	農地の耕作により抑止されている推定土壌侵食量を、砂防ダムの建設費により評価（代替法）
⑤土砂崩壊防止機能	4782億円	水田の耕作により抑止されている土砂崩壊の推定発生件数を、平均被害額により評価（直接法）
⑥有機性廃棄物分解機能	123億円	都市ゴミ、くみ取りし尿、浄化槽汚泥、下水汚泥の農地還元分を最終処分場を建設して処分した場合の費用により評価（代替法）
⑦気候緩和機能	87億円	水田によって1.3℃の気温が低下すると仮定し、夏季に一般的に冷房を使用する地域で、近隣に水田がある世帯の冷房料金の節減額により評価（直接法）
⑧保健休養・やすらぎ機能	２兆3758億円	家計調査のなかから、市部に居住する世帯の国内旅行関連の支出項目から、農村地域への旅行に対する支出額を推定（家計支出）

※①、④、⑥、⑧については、水田だけでなく、畑を含む農地全体での数値

資料：日本学術会議「地球環境・人間生活にかかわる農業及び森林の多面的な機能の評価について（答申）」をもとに作成

11 環境保全型農業と付加価値の高い米作り

環境にやさしい米作り

化学肥料や農薬の使用を抑え、環境への負荷を少なくする農業を「環境保全型農業」といいます。安全で安心な米を食べたいという消費者のニーズは高まっており、環境保全型農業で栽培したという付加価値をつけたさまざまな米が売り出されています。

有機ＪＡＳ認証米

農薬と化学肥料をまったく使わずに栽培した米で、なおかつその米を育てた田んぼでは、3年以上、農薬も化学肥料も使われていないことが条件です。

１９９０年代までは、小売店の店頭には、安全・安心にこだわる消費者に向けて、「有機」「オーガニック」「無農薬」「無化学肥料」など、さまざまな表示が氾濫していました。しかし実際には、基準も具体的な栽培方法も不明瞭で、消費者は何を選んだらよいのかわからない状況でした。

そこで１９９９年に、農林水産物の規格や表示義務を定めたＪＡＳ法が改正され、有機食品に関する規格が定められました。

特別栽培米

一般的な稲作の場合、農薬の散布回数や化学肥料の投入量は、地域ごとに基準が決まっています。その基準どおりに栽培することを「慣行農法」といいますが、その基準に比べて、農薬の散布回数と化学肥料の窒素成分量がともに半分以下で栽培された米を特別栽培米といいます。

基準が明確になったことで、「無農薬」「減農薬」「無化学肥料」「減化学肥料」など、消費者にとって曖昧でわかりにくい表示が規制されました。

用語

ＪＡＳ法
正式名称は「日本農林規格等に関する法律」（２０１７年改正）。飲食料品などが一定の品質や特別な生産方法で作られていることを保証する「ＪＡＳ規格制度（任意）」と、原材料や原産地など品質に関する一定の表示を義務づける「品質表示基準制度」からなる。１９９９年の改正により、消費者に販売されるすべての食品に表示が義務づけられた。有機農産物についての規格もあり、これにより、一定の農場で3年間以上、農薬や化学肥料をまったく使わずに栽培したものしか「有機農産物」とうたうことができなくなった。また、第三者認定機関による厳しい検査も義務づけてい

生き物マーク米

稲作を通じて、ある生き物が生きていける環境をつくり出し、その生き物の命を守り育てていることをPRしたお米です。守ろうとしている対象は、メダカやドジョウなどの魚、ゲンゴロウやトンボなどの昆虫、サギ草などの植物まで多岐にわたりますが、もっとも多いのは、コウノトリやトキ、マガンなどの鳥類です。

ただし、仮に対象が1種類の鳥であったとしても、実際には鳥類の餌となる魚類や昆虫類なども含め保全する必要があります。そのため結果的に、生物多様性を守ることにつながっています。

栽培に手間のかかる生き物マーク米は、消費者にその価値を知ってもらうことが重要です。

兵庫県のJAたじまの260人以上の農家が取り組む「コウノトリ育むお米」の場合、スーパーの店頭でビデオを流したり、消費者を招いて生き物調査などのイベントを開催したりして、消費者の理解を広げています。

これまでの全国の主な生き物マーク米

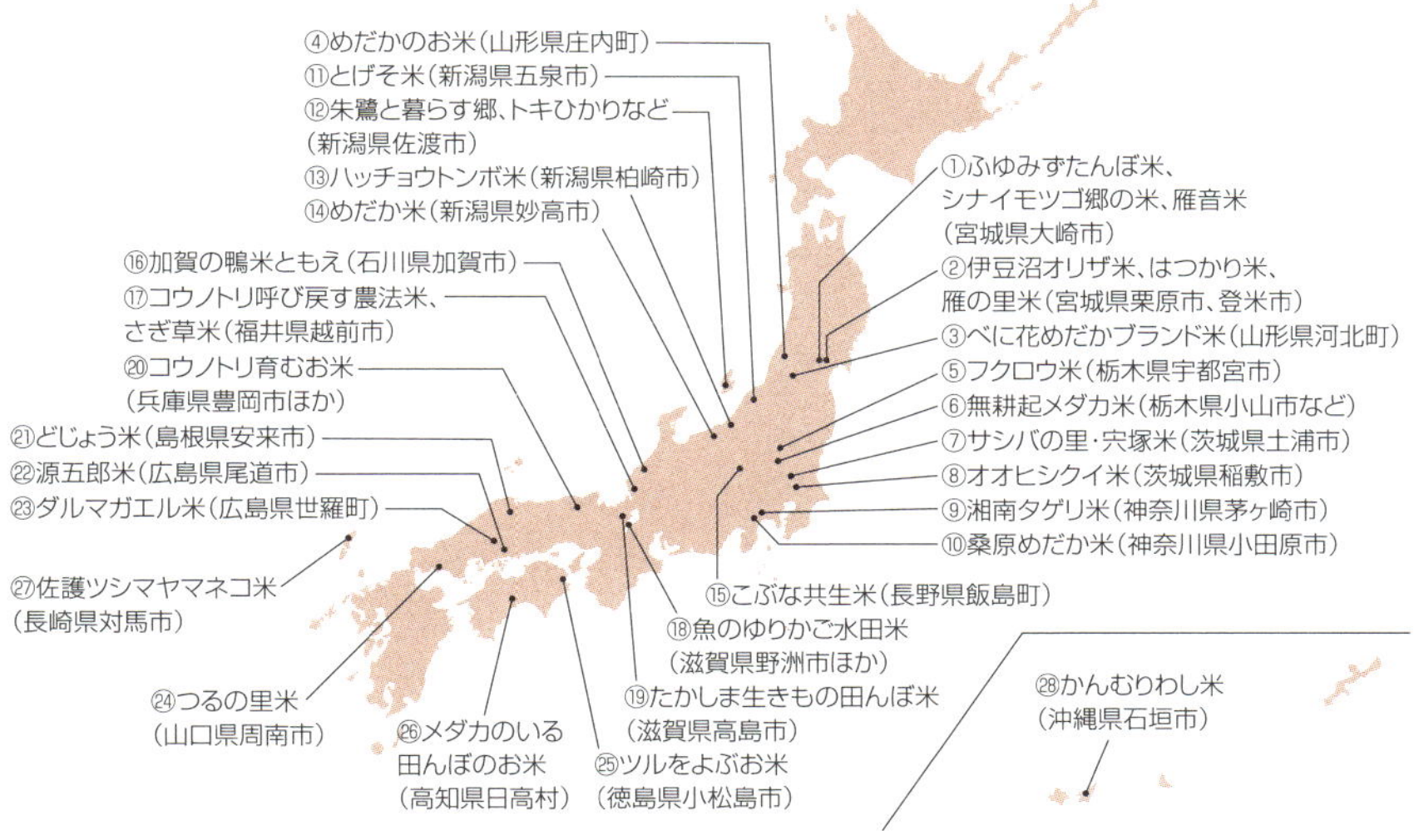

資料：家の光協会『家の光』(2010年11月号)をもとに作成

る。さらに2009年、食品の産地偽装に対する直罰規定が創設された。

窒素
↓42ページ

コラム

作況指数とは?

「平年収量」は天候予測や栽培技術などから年度ごとに作成

作況指数とは、米、小麦などの穀類や豆類について、その年の収穫量が多いか少ないかを表す指数。流通価格を決める入札、翌年度の生産目標の設定などの目安になります。作物が栽培される農地10a当たりの平年収量(平年値)と、その年の10a収量が完全に一致すれば、作況指数は100です。平年収量を6%上回る106より高いと「良」、102〜105は「やや良」、99〜101は「平年並み」、95〜98は「やや不良」、94〜91は「不良」、90以下は「著しい不良」に区分されます。

平年収量とは、栽培を始める前に、その年の気象を長期に予想し、災害や病虫害の発生が平年並みと仮定して、栽培技術の進展度合い、作付けの変動などを総合し、「今年の収量はこれくらい」と予測した数量です。過去の実績から単純に割り出した平均値ではありません。

以前に比べて水田や水路の整備が進み、技術も向上しているため、平年収量は全般には少しずつ増加しています。全国平均でみても、1970年には10a当たり431kgだったのが2018年産は約530kgです。

平年収量が地域ごとに異なるのは、地形、気候、栽培品種、規模などがそれぞれ違っているからです。18年産で長野県では10a当たり600kgを超えていますが、東京都では400kg台の前半。四国や九州の早期栽培も400kg台です。

つまり、平年収量は、産地ごとに目盛りが違うモノサシであり、産地の実情を的確に示す基準となるのです。

作況指数は毎年度、農林水産省が全国的な調査を3回実施し、時期に応じて、全国指数、都道府県別指数、さらに細かい地帯別指数が発表されます。第1回は原則9月15日に行う作柄概況調査。第2回は原則10月15日に行う予想収穫量調査。そして第3回が刈り取り終了後に行う収穫量(収穫期)調査です。

93年は冷夏による凶作で、「平成の米騒動」が発生しましたが、その年の10a当たり収量は全国平均で367kg。作況指数は74。青森県は28、岩手県も30という深刻な状況でした。

ふるいの目を実情に合わせ米農家の違和感を解消

以前は国が公表する10a当たり収量に対し、米農家から「実際はそんなに多くない」という声がしばしばあがりました。これは国の調査では玄米を選り分けるふるいの目幅が一律に1.70mmと小さく、農家が「くず米」として除外する玄米もカウントされたからです。2015年度からは全国産地ごとの実情に即した1.75〜1.85mmのふるい目を採用。農家が実際に使うふるい目をベースとする作況指数が発表されるようになりました。

第3章

米と日本の文化・伝統を知る

1 「米」という漢字の成り立ち

「米」は稲穂の象形文字

植物としての稲をあらわす漢字「禾（いね・か・のぎ）」とその実をさす「米」は、ともに稲穂をかたどった象形文字だといわれています。これらの漢字の原形である**甲骨文字**からは、そのことがよくわかります。「禾」の甲骨文字は、頭を垂らした稲穂の形をあらわしていて、禾偏のつく漢字には、稲、穂、種、穫など、稲作に関係するものがあります。

「米」の甲骨文字は、横線の上下に点がそれぞれ3つ。線は、稲穂の茎を、点は実をあらわし、真ん中の点が縦につながって、米になりました。

また、米という字を分解すると、「八」「十」「八」。これをつなげると、八十八になります。そのため、米作りには八十八の手間がかかる、という意味も込められているといわれてきました。これは、多くの苦労によって作られる米が、たいせつなものとして捉えられてきた証ともいえるでしょう。

米偏のつく漢字

米偏の漢字には、籾《もみ》や糠《ぬか》など、米の部位をあらわす漢字のほかに、粉、粋、料など、一見、米と無関係に思える漢字もあります。

しかし、これらの漢字も、もともとの意味をたどると、米と関わりがあります。「粉」は砕けて細かくなったもの全般を意味しますが、もともとは米を砕き分けたものをさしました。また、混じりけのないことを意味する「粋」は、**精米**することで不純物を取り除いた米をあらわしました。

このように、米に由来する漢字が数多くあることからも、米が昔から、日本人の暮らしに重要な意味を持っていたことがうかがえます。

用語

甲骨文字
亀の甲羅や獣の骨に刻まれた、現存する最古の中国の象形文字。

精米
↓19ページ

甲骨文字の米

米という字の甲骨文字

稲に実がついている様子をあらわす

禾という字の甲骨文字

稲穂が垂れている様子をあらわす

米偏のつく漢字

籾　稲などの穀物の実。刀の刃のようにとがった芒《のぎ》がついたものをあらわしている。

粒　小さくて丸いもの。「米」に「はなればなれ」という意味を持つ「立つ」を組み合わせ、ばらばらになった米粒をあらわしている。

料　「米」に柄のついた升の意味を持つ「斗」を組み合わせ、はかるという意味をあらわしている。

糊　のりはもともと米の粉を煮て作った。「米」に「かためる」という意味を持つ「胡」を組み合わせ、ねばるものをかためることをあらわす。

粧　昔は米の粉を顔料に使用したといわれ、よそおうの意味を持つ「庄」と組み合わせ、おしろいの粉でかざることをあらわす。

糯　もち米、餅をあらわす。「需」はやわらかいものを意味し、ねばってやわらかい、もち米の意味をあらわす。

2 論争が続く米の原産地

70年代に主流だった「アッサム-雲南説」

稲の栽培がいつ、どこで始まったかについては、世界中で研究が進められており、いくつかの学説があります。

1970年代に主流となったのは、**ジャポニカ**、**インディカ**の起源は、ともにインド東部のアッサムからミャンマー、ラオス、タイ北部、中国の雲南省にわたる山岳地帯であるとする、「**アッサム-雲南説**」です。

当時の研究は、古代のレンガから採取した籾殻を、時代、地域、品種別に分類することにより、品種の流れをたどって、起源地を推察するという方法で行われました。

この説は、多くの学者から支持を得て、一時は有力とされました。

研究が進んで「長江中・下流域説」へ

しかしその後、発掘調査と遺伝子研究の進歩により、「アッサム-雲南説」は覆されます。80年代以後になって、長江中・下流域で、6000～7000年前のものとされる稲作遺跡が、次々と発見されたのです。

長江流域の河姆渡《かぼと》遺跡から出土した炭化米を調べたところ、栽培種に野生種が混じっていることがわかりました。そして、ともにジャポニカの遺伝子であることが明らかになったのです。

同じ遺跡から、同時代の栽培種と野生種が発見されたことから、その場所が、稲作発祥の地であると考えられました。こうして、ジャポニカに関しては、長江中・下流域が起源であるとする「**長江中・下流域説**」が定説となったのです。

用語

ジャポニカ
→17ページ

インディカ
→17ページ

アッサム-雲南説
1977年に農学者で当時、京都大学教授だった渡部忠世が発表。インディカもジャポニカも、同じ祖先を持つとした。

長江中・下流域説
1990年代、当時、静岡大学農学部の助教授であった佐藤洋一郎が遺伝子解析をもとに研究し、提唱。佐藤はインディカとジャポニカはそれぞれ別の祖先を持つという立場をとった。

米の起源についての主な説

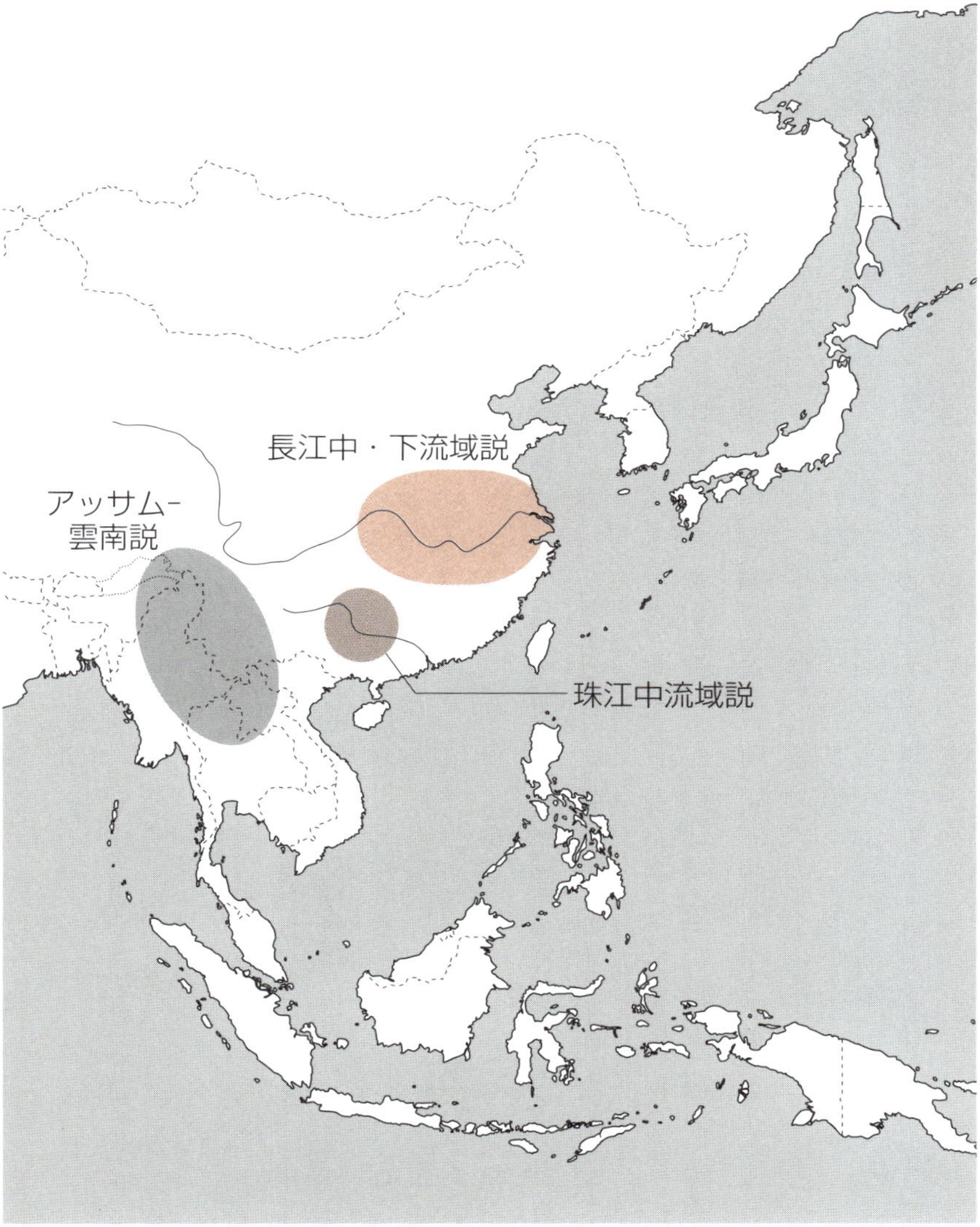

ゲノム解析にもとづく最新の学説は？

しかし、近年になって、新たな学説が浮上しました。2012年に、日本の国立遺伝学研究所や中国科学院上海生物科学研究所などの共同研究チームが、最新のゲノム解析を駆使することにより、「珠江《しゅこう》中流域説」を発表したからです。

珠江は、中国華南地方を流れ、南シナ海に注ぐ大河。流域は熱帯や亜熱帯に属し、雨が多く、現代も稲作が盛んな地域です。

研究チームは、アジア各地から採取した野生種と栽培種、合わせて約1500系統の、稲のゲノムを解読し、それぞれの稲の祖先関係を調査。とくに、籾の落ちやすさ（脱粒性）や、籾についた針状の毛である芒《のぎ》の有無、粒の幅など、栽培化によって変化が生じる遺伝子に着目し、研究を進めました。

そうした進化の解析と、各系統の生育地を照らし合わせ、ジャポニカのもっとも古い系統をたどったところ、珠江中流域に到達したのです。そして、その起源である野生種の生育地も、同じ地域であることを導き出しました。

さらに、インディカ系統につながった野生種の生育地も、同様に珠江中流域でした。

そうしたことから、珠江中流域で、野生種の集団から、籾が穂から落ちにくい、倒れにくいといった特徴を持つ栽培に適した稲が選び出され、ジャポニカ系統の栽培種になったと考えられました。さらにその後、その集団が他の野生種との交配を繰り返しながら、インディカ系統となり、アジア各地へ広がったと、研究チームは結論づけたのです。

稲作の起源を探る研究は、米を主食とする日本人にとって、自国の食文化の源流を知ることにもつながる重要なテーマといえます。未だその論争に決着がついたわけではありませんが、どの説も、中国南部を稲作の起源としていることにおいて一致しています。

現在も研究は進められており、今後の進展が注目されています。

用語

ゲノム
遺伝子（gene）と染色体（chromosome）から合成された言葉で、生物の設計図に当たる。ゲノムの解読によって、遺伝子とその働きが明らかになれば、品種改良が容易になることが期待されている。

3 日本の稲作の始まり

日本の農耕の始まり

日本列島に人が住み始めたのは、大陸と地続きだった数万年前の旧石器時代だとされています。その頃は氷河期にあたり、植物性の食べ物が乏しかったため、人々は狩猟などにより命をつないでいました。

その後、気温の上昇によって植生が変わり、1万年以上前の縄文時代には、ドングリ、栗、オニグルミなどの木の実が食べられるようになりました。土器が生まれ、煮炊きといった調理が可能になったことで、ドングリなどのアク抜きも容易になり、植物性の食べ物への依存度は、高まっていきました。

そうしたなか、次第に栗やヤマイモなどの植物が**半栽培**され始め、4000～5000年前の縄文中期には、農耕が行われていたと考えられています。

登呂遺跡で最初に発見された水田跡

日本でいつ水田稲作が始まったのか、特定には至っていませんが、長年にわたる発掘調査をとおして、さまざまな考察がなされてきました。

日本で初めて水田跡が発掘されたのは、静岡県の弥生後期の遺跡である登呂《とろ》遺跡です。

1947年から行われた本格的な発掘調査では、水田跡や高床式倉庫のほか、鋤《すき》、鍬《くわ》、田下駄などの農具が出土しました。弥生時代の遺跡から、稲作の形跡が発見され、米作りの始まりは、弥生時代だとする考え方が通説となりました。

縄文時代には稲作が始まっていた？

ところが、78年、福岡県の板付《いたづけ》遺跡の発掘調査で、従来の時代区分でみて、縄文晩期から弥生前期のも

用語

半栽培
優勢な植物を保護したり移植したりして管理することなどで、それらを増やし、人間にとって有利な植物体を作ること。それにより、単なる採集よりも、効率的に食物を得ることができる。

のとみられる水田跡や炭化米、農具が見つかりました。また、岡山県総社市の南溝手《みなみみぞて》遺跡などで、稲の**プラントオパール**が発見され、縄文中期から後期において、稲作が行われていたとされました。

さらに81年には、佐賀県の**菜畑《なばたけ》遺跡**で、それより古い水田跡が出土し、これにより、遅くとも約2400年前には、日本で水田稲作が行われていたことが証明されたのです。

北日本でも、青森県の垂柳《たれやなぎ》遺跡や砂沢《すなざわ》遺跡で、弥生時代の水田跡が発見されています。

500年さかのぼる弥生時代

近年は国立歴史民俗博物館のグループの調査により、弥生時代の始まりが通説よりも500年さかのぼる説が有力となっています。これによると、弥生時代の始まりは紀元前10世紀頃で、九州地方に始まった水田稲作は100年ほどのあいだに近畿地方に広まり、紀元前4世紀頃には東北地方北部、紀元前2世紀には関東地方に広まったとされています。

稲作の日本への伝播ルート

ところで米がどのようなルートで日本に伝わったかについては、3通りの説があります。

もっとも有力とされているのが、中国の江南地方から山東半島や遼東半島を経由して黄海を渡るか、中国大陸を通るかして朝鮮半島に達し、対馬、壱岐を経て北九州にたどりついたとする説です。九州北部の遺跡と朝鮮半島の遺跡から、同じような形をした**石包丁**が出土していることが、根拠となっています。

2つ目は、長江の河口付近から東シナ海を渡り、直接、北九州に伝えられたとする説。この説は、中国と日本にはあって、朝鮮半島にはない稲の遺伝子が存在することにもとづいています。

そして3つ目は、民俗学者の**柳田國男**が主張した、中国南部から台湾、沖縄など南西諸島を北上し、「海上の道」を通って、南九州に上陸したとする説です。

南西諸島では、稲作の遺跡が見つかっていないため、陸稲《おかぼ》として育てられた可能性もあると考えられます。

用語

プラントオパール
イネ科の植物の葉に多く含まれるケイ酸が化石化したもの。ガラス質なので、腐ることなく土中に残る。過去の植生や、稲作の状況を知るうえで重要な手がかりとなる。

菜畑遺跡
佐賀県唐津市の遺跡。現在確認されている日本最古の水田跡として知られ、畦畔《けいはん》、水路、炭化米のほか、鋤、鍬、石包丁、杵、臼といった、一連の農作業に必要な農具が出土。縄文晩期の中頃から弥生中期までの約500年間の水田稲作の形跡を残している。

石包丁
半月形または長方形をした石器で、稲など穀類の収穫に利用された。

柳田國男
明治から昭和期の民俗学者。日本民俗学の樹

稲作の日本への伝播と日本の水田跡

①朝鮮半島、対馬、壱岐を経由して北九州に到達
②長江河口から直接北九州に到達
③中国南部から台湾、沖縄を経由して南九州に到達(海上の道)

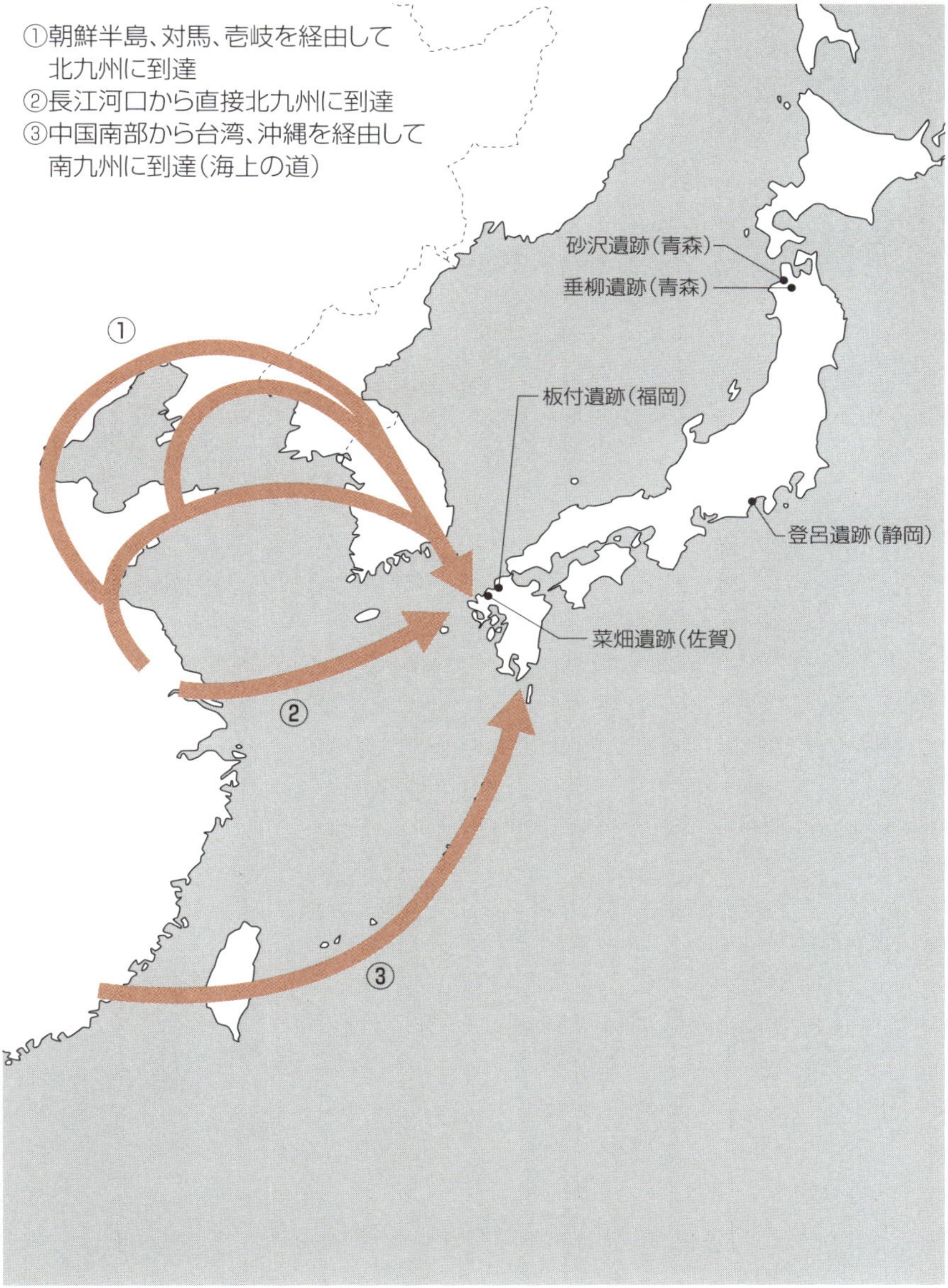

立者といわれ、日本各地の伝承、方言、習俗などを採集・研究した。『遠野物語』『海南小記』『蝸牛考』『海上の道』などの著書が有名。

4 稲作が変えた日本の社会と暮らし

稲作の基本は弥生時代に確立

弥生時代に入ると、日本各地に水田稲作が広まりました。そして、稲作を中心とする農耕社会が生まれ、計画的に米が生産されるようになりました。弥生人は高度な農業技術を持ち、この頃には、苗代で育てた苗を田に植えるという、田植えも行われていたようです。

けれども、おもに木製や石製の農具を使っていた当初の稲作は、生産性の低いものでした。限られた労働力で田を維持し、水を引くために、1枚1枚の田は小さく区切られていました。反当たりの収穫量は、現代の2割にも満たなかったと推定されています。

しかし、鋤や鍬などの農具の形や農法の基礎は、このときすでに、ほぼ確立されていたと考えられています。そして、鉄器が導入された後も、基本的に変わることなく、長いあいだ受け継がれていきました。

米の生産によって人口が増加

稲作の開始後、日本の人口は、飛躍的に増加しました。遺跡の数や文献をもとにした推計によると、縄文時代のピーク時で27万人だった人口は、弥生時代には2倍以上の60万人に、さらに古墳時代には、500万人を超えたとされています。江戸時代後半には3000万人を超えていたといわれ、縄文時代の100倍に達しました。こうした人口の推移は、米の生産量の増加にともなっていると考えられます。

稲作を基盤とした社会が誕生

稲作は、大人数での共同作業が必要だったため、人々は集団で暮らすようになり、集落が生まれました。そして、それまでより安定して食料が手に入るようになったことで、社会に余裕が生まれ、分業が可能になりました。農作業に従事する人々のほかに、土器や石器の製作を専門とする技術者、豊穣を祈る祭祀者などがあらわれたのです。そして次第に、一部の指導者が、集団を支配するようになりました。

一方、各地に集落ができると、集落と集落の間で、食料や土地などをめぐる争いが起きるようになりました。これが、日本における「戦争」の始まりだといわれています。弥生時代の遺跡として、周囲に濠をめぐらした**環濠《かんごう》集落**が多く発掘されています。こうした遺跡は、戦争が頻繁に起こっていた当時の状況を物語っています。そして争いを繰り返すなかで、集落は統合され、次第に大きくなり、クニへと移行していったのです。

およそ1200年続いたといわれる弥生時代は、1万年以上続いたとされる縄文時代に比べると、極めて短い期間です。しかし、その短期間のうちに、水田稲作の普及は、食料を豊かにし、人々の生き方や社会のあり方に、急速な変化をもたらしたのです。

弥生時代の環濠集落　佐賀県吉野ヶ里遺跡（復元）

用語

環濠集落　敵の侵入を防ぐため、まわりを濠で囲った集落。佐賀県の吉野ヶ里遺跡は、1986年からの本格的な発掘により、弥生時代の最大規模の環濠集落であることがわかった。高い柵が張りめぐらされ、濠が二重になっている部分や、高い物見櫓《ものみやぐら》もあり、つねに戦争に備えていた様子をうかがうことができる。

5 「貨幣」としての米の役割

米を税として納める仕組み

古代**律令国家**では、米は国家を維持する基盤と位置づけられ、統制されるようになります。7世紀の半ば、**班田収授法**《はんでんしゅうじゅのほう》が制定され、6歳以上になると「口分田《くぶんでん》」とよばれる田を貸し与えられ、収穫した米から税を支払うようになりました。

時代ごとに違いはあるものの、米を税として納める制度は、明治時代となって**地租改正**が施行される1873年まで、1000年以上ものあいだ続くことになるのです。

米の収穫量が土地をあらわす基準に

15世紀後半、勢力をのばしてきた戦国大名らは、新しい田の開墾を進めると同時に、水害を防ぐため、大規模な治水工事を行うようになりました。国力を増強させるため、米の収穫量と貯蔵量を増やすことに力を注いだのです。また、年貢を徴収するため、各地で田畑を測量する**検地**が実施されました。

全国一律の基準で最初に検地が行われたのは、16世紀後半、豊臣秀吉による太閤検地でした。このときは、土地と所有者の調査が徹底して行われ、地質や面積をもとに、その土地からどれだけの米がとれるかをあらわす**石高**《こくだか》が推定されました。水田だけでなく、畑や森林、屋敷まで、すべての土地について石高が決められ、年貢の量が決定されたのです。そして、年貢は原則としてすべて、米で納められるようになりました。

先物取引も開始

石高制は、江戸時代にも引き継がれます。農民や大名は、すべて「石」を使って、持高何石の百姓、

用語

律令国家
中央集権国家を統治するため、刑罰についての法律である「律」と一般行政についての「令」を基本法典とした古代国家の形態。日本では隋、唐にならって7世紀半ばから形成され、奈良時代に最盛期を迎え、10世紀頃まで続いた。

班田収授法
律令国家では、すべての土地は国家が所有するものとされ、6歳以上の男女に口分田が貸し与えられ、死後回収された。田の面積は性差や年齢、身分によって異なるが、21歳の男性（良民）の場合、約24aほど。ただしこの制度では、人口の増加に口分田の開墾が追いつかず、8世紀には崩

何万石の大名などとあらわされました。そして、武士は米で給与を支払われました。

ただし、実際の売買は、貨幣によって行われました。そのため、幕府や藩は、徴収した年貢から使用して残った米を、貨幣に換える必要がありました。

そこで幕府や藩は、大量の米を換金するために、米の大消費地である江戸や大坂に、**蔵屋敷**を設置しました。そこに米を回送して、市場に売り出したのです。

経済の中心地として発展した大坂には、堂島米《どうじまこめ》市場が設立され、全国最大の米の取引所となりました。堂島米市場では早い時期から、米の保管証書である米切手が普及します。売買には、実際の米ではなく、米切手が使われました。また、翌年に入荷する米などを対象にした先物取引も行われました。なお、江戸には深川米市場が設立されました。

こうして江戸時代は、米をとおして、高度な貨幣経済が作り出されました。米は、社会や政治をも動かす大きな力となったのです。

江戸時代の米流通の仕組み

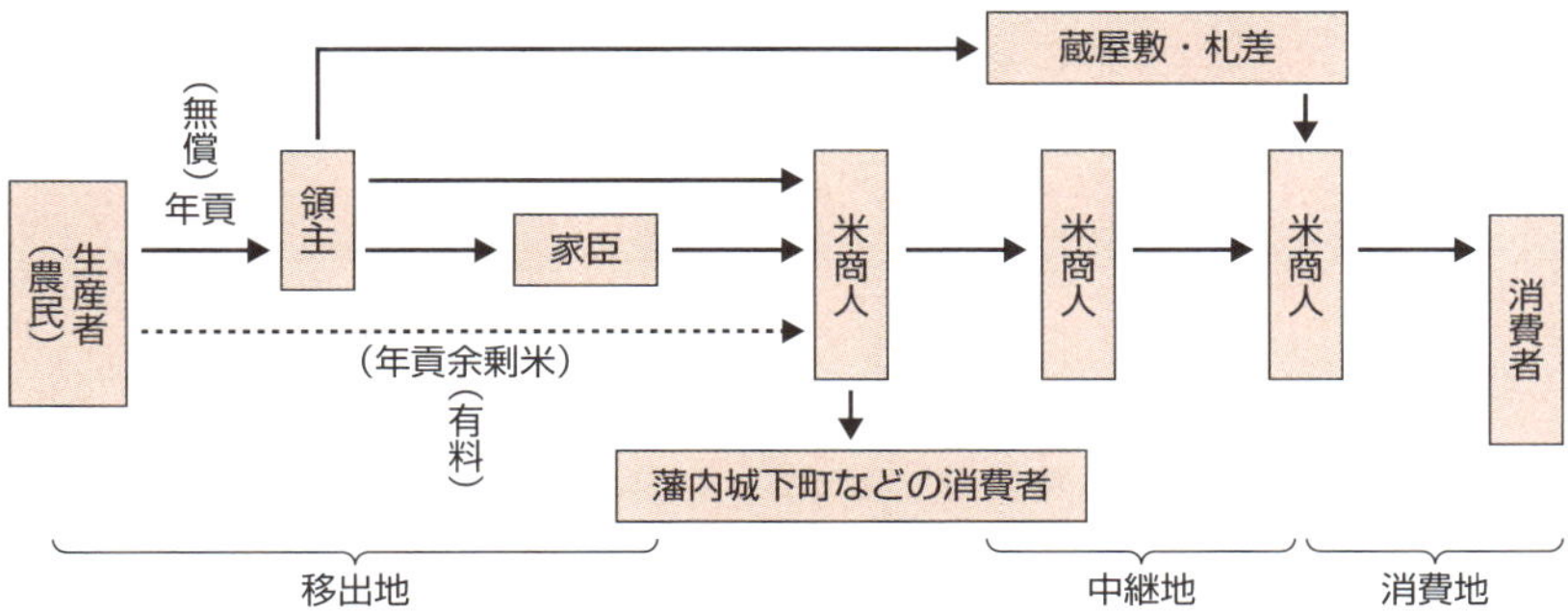

資料：土肥鑑高『米の日本史』（雄山閣出版　2001年）をもとに作成

壊。その後、土地が私有されるようになった。

地租改正
明治政府による土地・税制改革。それまで、土地に対する税は年貢として米が納められていたが、明治政府は、土地の値段である「地価」を定め、その3％（のちに2・5％）を現金で納めさせた。

検地
戦国〜江戸時代に、年貢を徴収するため、田畑などの土地を測量したこと。これにより、土地の耕作者が誰であるかが明らかにされた。

石高
その土地からどれだけの米が収穫できるかをあらわしたもの。畑や屋敷地についても、米の収穫量に換算されて石高が決められた。

蔵屋敷
年貢米や特産物を販売、換金するために設置された、倉庫と取引所の役割を担う屋敷。

6 米の主食が一般的になったのはいつから？

米の主食は貴族や豪族の特権

弥生時代に各地に水田稲作が広まってから、日本では、米を中心とする食文化が始まりました。しかし、その生産性は低く、米だけで、すべての人々の食料をまかなうことは到底できませんでした。そのため、漁業や狩猟によって得られる食べ物や、栗などの木の実、そして麦、粟《あわ》、稗《ひえ》、黍《きび》といった穀物も、たいせつな食料でした。

古墳時代には鉄製の農具が普及し、水田開発も進み、米の生産量は増えました。古代**律令国家**が成立すると、国家はさらに米の生産に力を入れますが、一方で、米は租税として徴収されるようになります。

米を中心に、魚を食べる「日本型」の食生活は、この頃に形づくられますが、当時は、貴族や豪族などの支配層に限られていました。庶民の食料は、麦や雑穀、イモなどが主だったのです。

江戸の町では白米が食べられていた

江戸時代には、農具や肥料の改良、新田開発が進み、米の生産量は増えましたが、収穫量のおよそ半分は、年貢として取り立てられました。

そして、江戸の町では武士だけでなく庶民も米を主食としていました。白米が庶民のあいだで広く食べられるようになったのはこの頃です。

一方、地域によっては、米が主食とはいえない状態も続いていました。現在でも、その名残といえる米以外の作物にまつわる儀礼が、全国各地に残っています。

西日本には「麦正月」という麦飯とトロロ汁を食べる風習があります。また、「餅なし正月」といって、正月に餅を食べない地域もあります。**焼畑農耕**の名

用語

律令国家
→76ページ

焼畑農耕
山林を伐採して火をつけて焼き、灰を肥料として作物を育てる農法。地力が消耗したら放置し、自然が回復したらふたたび利用する。日本でも古くから行われていたと考えられている。

残であるともいわれ、畑作物が重要な食料であったことを物語っています。

高度経済成長期に全国に普及

明治時代になると、米の生産量は増加しますが、それ以上に日本の人口も増えていきました。じつは明治時代以降、日本が海外から米を輸入していたことはあまり知られていません。とくに、台湾や朝鮮半島などを植民地にしてからは、それらの地域からの**移入米**が、国内に大量に流通しました。ただし農村などでは、苦しい生活のため、米を主食にできない人たちも少なくありませんでした。

1941年に太平洋戦争が勃発すると、食料難の時代が到来。イモを混ぜた粥や、すいとんなどが食べられ、米はふたたび貴重なものになりました。

戦後の50年代、食料事情が改善されると、米のご飯が広く口にされるようになりました。稲作の伝来以来、数千年を経て、ようやく誰もが、おなかいっぱい米を食べられる時代となったのです。

日本の耕地面積と推計人口の推移

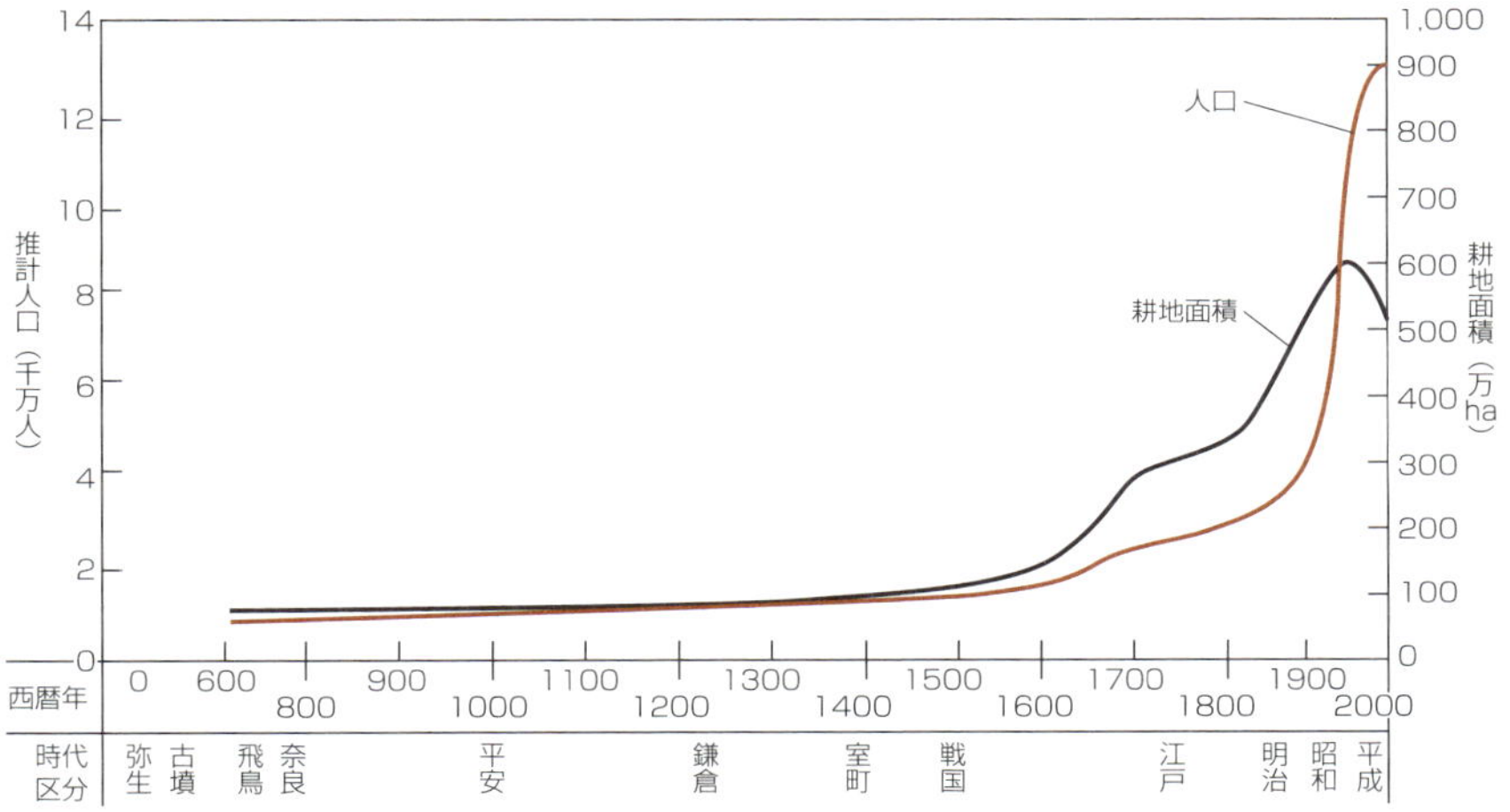

※耕地面積には畑も含まれる

資料：農林水産省「我が国の農地と水～これまで、そしてこれから～」をもとに作成

用語

移入米
植民地からの米は、輸入米ではなく移入米とよばれている。大正期に増え始め、1931年～35年のピーク時には、内地産米の20％前後に相当する米が移入された。品質は内地産米に近かったが、価格は内地産米の60～70％だったという。

7 米の調理法の移り変わり

縄文人は米を煮て食べた

現代では、米は炊いて食べるのが一般的ですが、じつはこのような食べ方は、それほど古いものではありません。米が日本にもたらされてから、その調理法は時代とともに移り変わってきました。

稲作が伝来して間もない縄文時代の終わり頃から弥生時代にかけて、米は煮て食べられていました。人々は、土器に米と水を入れて煮て、余分な湯は煮こぼして、やわらかい粥にして食べていたと考えられています。

また、焼いた米も食べられていたようです。

古墳時代に蒸し器が登場

古墳時代に入ると、「甑《こしき》」とよばれる蒸し器が誕生します。

甑は、底に蒸気を通す小さな穴がついた、鉢形の土器。湯釜の上にのせて使い、蒸気で米を蒸す仕組みでした。この頃から、甑で蒸したかための米である「強飯《こわいい》」が食べられるようになりました。

そして、奈良時代になると、粥や強飯に加えて、蒸した米を乾燥させて保存食にした「乾飯《ほしいい》」が登場します。乾飯は、水に浸し、やわらかくしてから食べました。

また、この時代には、身分の高い人は白米を食べるようになりました。

「姫飯」を好んだ平安貴族

平安時代に入って、かまどと羽釜《はがま》が使われるようになると、貴族などのあいだで、かための粥が好まれるようになります。この粥は、強飯よりやわらかかったため、「姫飯《ひめいい》」とよばれました。

用語

羽釜
かまどにかけられるよう、胴の中ほどにつばがついている炊飯用の釜。

そのほか、強飯を卵形ににぎっておにぎりにした「屯食《とんじき》」も作られ、米の食べ方はますます多彩になりました。

現代の「炊き干し法」は江戸時代に確立

精白米は、江戸時代に、精米技術が向上したことで、一般の人々にも浸透し始めました。

また、この時代、現代のような米の炊飯法である「炊き干し法」が確立されました。厚いふたのついた釜が普及したことで、米を、水分がなくなるまで炊飯する調理法が広まり、現代の私たちが口にしているようなご飯が食べられるようになりました。

米の炊き方の秘訣として、昔から言い伝えられてきた「始めちょろちょろ、中パッパ、……赤子泣いてもふた取るな」という言葉も、この頃に作られたといわれています。

今日では、家庭で米を炊くさいに、炊飯器が使われますが、その機能にはこの教えが生かされているのです。

炊き干し法

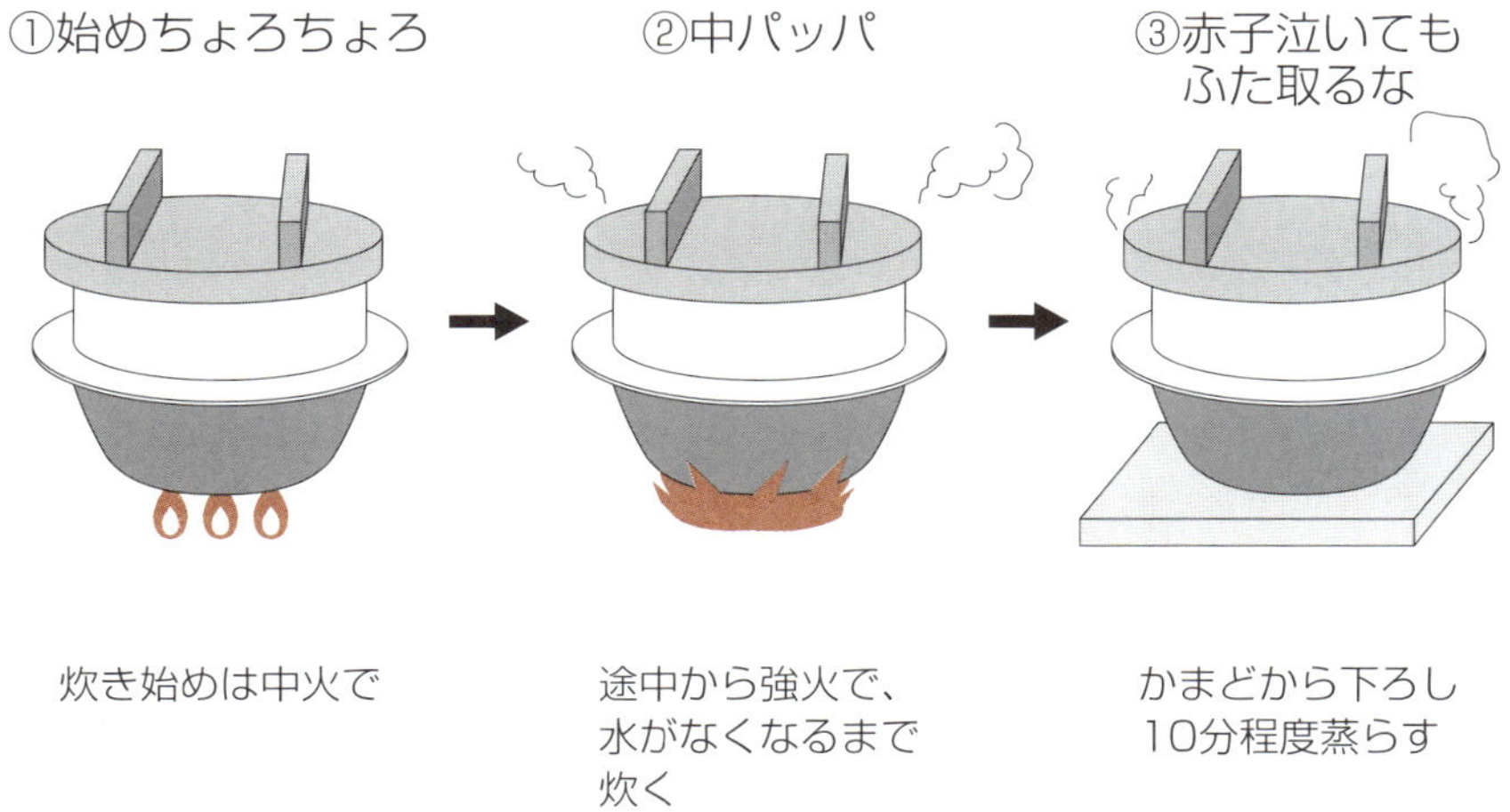

①始めちょろちょろ
②中パッパ
③赤子泣いても
ふた取るな
炊き始めは中火で
途中から強火で、
水がなくなるまで
炊く
かまどから下ろし
10分程度蒸らす

8 祭りの多くは稲作が起源

古代からの田の神の信仰

作物が育つには、土や水、太陽など、あらゆる自然の働きが必要です。とくに、肥料や農薬の開発、品種改良などが進んでいなかった時代には、作物が自然から受ける影響は大きく、不作のたびに人々は飢餓に苦しみました。自然は人の意思や努力を超えて、生死を決定づけるものだったのです。

一方で、収穫の恵みと喜びを与えてくれる自然の力に、人々は神を見いだしました。そして、豊穣を祈り、感謝の心を「祭り」として表現することで、実りが保証されると考え、安心を得たのです。

祭りには、稲作から発したものが多く、田の神をまつる信仰は、各地に受け継がれています。神のよび方や作法は地域によって異なりますが、多くの地域で共通しているのは、田の神は田植えをする春に山から下りてきて、稲が育つのを見守り、秋の収穫後に山へ帰るという考え方です。

そして、稲作の節目には、さまざまな祭りが行われてきました。

稲作の節目に行われる祭り

農作業が始まる前には、豊作を祈願する「田遊び」が行われます。田遊びは、神社の拝殿や境内などを水田に見立て、田ごしらえから収穫までの様子を、歌などを交えて演じる芸能です。福島県二本松市に伝わる「石井の七福神と田植踊」や東京都板橋区の「徳丸北野神社田遊び」などが有名です。

そして、籾をまく日に行われるのが水口祭《みなくちまつり》です。代表的な形式は、**苗代田**《なわしろだ》の**水口**に土を盛り、木の枝や花などをさし、焼き米などを供えるというものです。

田植えの祭りは、中国地方に伝わる「花田植え」

用語

苗代田
田植えのために、種籾をまいて、苗を育てる田。

水口
水を取り入れる所。

がよく知られています。牛による代《しろ》かきの後、**早乙《さおと》女《め》**が、太鼓や笛に合わせて田植え歌を歌いながら苗を植えます。昔、男は田起こしや代かきなどの力仕事を担ったため、田植えは女の仕事とされ、女性は田植えの前に体を休めるなどし、身を清めました。身が清まった早乙女は、ハレの衣装を身につけて田植えに臨んだのです。

稲が育つ時季には、害虫の被害を受けないことを祈る「虫送り」が行われます。悪霊を追い払うため、わら人形などを担ぎ、鉦《かね》や太鼓ではやしながら村を歩いた後、人形などを川に流したり燃やしたりします。

そして収穫のさい、実りに感謝する祭りには、**新《にい》嘗祭《なめさい》**といった、国家の行事として行われるものとともに、佐賀県の各地に伝わる浮立《ふりゅう》のように、その地域で暮らす人々によって脈々と受け継がれてきたものもあります。浮立は、太鼓や鉦を打ち鳴らして踊ることが多く、風流が語源とされています。踊りの前に「ドジョウ汁」を食べる習慣のある地域もあるといい、稲作との深いつながりがうかがわれます。

浮立の様子

佐賀県唐津市蕨野地区で江戸時代から続く浮立。祭りでは、笛と太鼓、鉦によって演奏される曲が23曲神社に奉納され、その後、早乙女たちによって、米作りの所作をモチーフにした踊りが舞われる。

用語

早乙女
苗を本田に植える仕事をする女性。もともとは、田植えにさいして田の神を祭る特定の女性を指したものと考えられる。

新嘗祭
→87ページ

9 米にまつわる身近な年中行事

正月に迎える年神は田の神

正月は、年神を迎えて新年を祝い、健康や幸せを祈る行事として知られていますが、年神はもともと、稲を実らせる田の神でもあります。そのため、正月には家のあちこちに、鏡餅やしめ縄など、稲にまつわるものが飾られます。しめ縄は魔除けとなり、神が訪れる神聖な場所であることを示します。そして、丸い鏡餅には、神の力が宿るとされています。

子どもがもらうお年玉も、もともとはお供えした餅でした。餅を食べることで、神の魂を授かり、新たな生命力になると考えられてきたのです。

また、「お年玉」という言葉は、神が正月に人々に魂（歳魂《としだま》）を与えるという考えに由来します。現代では誕生日ごとに年を数えますが、昔は正月に、神から魂をもらうことで、皆がいっせいに年を取ると考え、数え年で年齢をあらわしました。

花見は田の神をもてなす祭り

毎年、春になると薄桃色の花を咲かせる桜。大昔、田の神は「さ」と呼ばれ、座（くら）は座る場所という意味の言葉でした。日本を象徴する花である桜の名は、田の神が座る場所に由来するといわれています。桜の花が咲いたのを見た人々は、今年もまた、田の神が里に下りてきたと思ったのでしょう。花見は、農作業が本格的に始まる前に、山から下りてくる神を迎え、豊穣を祈る行事でした。桜の木の下で**神人共食**《しんじんきょうしょく》の宴を催し、神をもてなしたのです。ちなみに、昔の人たちが花見をしたのは、現在よく目にするソメイヨシノではなく、山桜でした。

地域によっては、桜の根元に酒をまき、枝を1本折って山を下り、庭や田の**水口**に立てる習わしがあ

用語

神人共食
神と人とが同じ食べ物を口にすることによって、両者の親密さを深め、生活安泰の保証を得ようとするもの。

水口
→82ページ

りました。それにより、山の神を田の神として里へ迎えたのです。房総半島の農村などでは、昭和の前半まで、この風習が続けられていたといわれます。

盆踊り・十五夜と稲作の関係

盆踊りのルーツは、中国から伝わった「盂蘭盆会《うらぼんえ》」という先祖の霊を供養する行事ですが、日本では、先祖の霊は、山の神や田の神でもあると考えられてきました。そのため、先祖の供養は、田の神を供養することにもつながります。中国の文化と日本古来の信仰が1つになって、盆踊りとなったのです。

十五夜の起源は奈良時代に中国から伝わり、貴族が月を愛で、詩歌などを楽しんでいました。庶民には、江戸時代に月を見る風習として広まりました。

もともと日本ではこの時季に、収穫した作物を供える秋穂祭りが行われていました。これが十五夜と結びつき、豊作を感謝する祭りとして根づいたといわれています。それゆえ十五夜には、稲穂に見立ててススキを飾り、月見だんごを供えるのです。

日本の年中行事と米作り

年中行事

正月 年神である田の神を家に迎える

花見 田植えを前に田の神を里に迎える

盆踊り 先祖の霊である田の神を供養する

十五夜 収穫を感謝する

	1月	2月	3月	4月	5月	6月	7月	8月	9月	10月	11月	12月
稲作のスケジュール	→	農閑期	種籾をまく	苗を育てる	田の準備	田植え	水管理 除草作業など	→	収穫		農閑期	→

用語

十五夜
旧暦の8月15日（現在の9月15日頃）の夜。この時期は空気が澄んでよく晴れ、満月が美しく見えることから、「中秋の名月」とよぶ。

10

米作りと日本の伝統芸能

相撲は五穀豊穣を祈る儀式

日本の国技といわれ親しまれている相撲は、もともと、農作物の収穫を占い、祈願する儀式でした。その起源は古代にさかのぼり、**古事記**や**日本書紀**に、力比べの神話として描かれています。

平安時代には毎年7月に、宮中で「相撲の節」が行われ、相撲を天皇が観覧するようになりました。江戸時代になると、相撲を職業とする集団が「勧進《かんじん》相撲」をし、庶民の娯楽として浸透していきました。これが、今日の大相撲の基礎となりました。

力士は土俵入りのとき、両手を打ち、四股《しこ》を踏みますが、四股には、田の神の力が田から消えないようにするという意味があったと考えられています。

また現代でも、場所が始まる前日に、土俵祭りが催されます。土俵祭りでは、行司が祝詞《のりと》をあげ、土俵の中央に掘った穴に、米、勝ち栗、昆布などの縁起物を入れてお神酒《みき》を注いで埋め、五穀豊穣や場所の安泰を祈ります。

能のルーツも稲作にある

能は、面をつけた演じ手が、歌や笛、鼓《つづみ》などに合わせて舞い、神や鬼を演じる古典芸能ですが、その起源とされているのは、田楽《でんがく》や猿楽《さるがく》です。

もともと田楽は、田植えのさいに豊作を願って、笛や鼓を鳴らしながら歌や踊りを神に捧げる行事でした。それが平安時代になると、専門の演じ手が生まれ、芸能として楽しまれるようになりました。

一方、平安時代から鎌倉時代に流行した猿楽は、滑稽な物まねや言葉芸で人々を楽しませる芸能でした。田楽がこの猿楽に取り入れられ、室町時代に観《かん》阿弥《あみ》、世阿弥《ぜあみ》によって、能が完成されたのです。

用語

古事記
↓88ページ

日本書紀
↓89ページ

11 天皇の宮中祭祀と稲作

祈年祭と新嘗祭

宮中祭祀とは、国民の幸せを祈り、天皇らによって執り行われる祭典です。

2月に行われる**祈年祭**《きねんさい》など豊穣祈願の祭りをはじめとして、年間およそ20もの祭祀が行われます。なかでも、もっとも重要とされているのが、**新嘗祭**《にいなめさい》です。

新嘗祭は、天皇が稲の収穫に感謝し、翌年の豊作を祈る祭りで、毎年11月23日に行われます。戦前は祭日とされていましたが、戦後に改められ、「勤労感謝の日」として、国民の祝日となりました。

新嘗祭の発祥は、正確にはわかっていませんが、**日本書紀**の記述から、飛鳥時代の皇極天皇の時代にさかのぼるといわれています。

「新嘗」の「新」は新穀《しんこく》（新米のこと）、「嘗」は嘗《な》める、つまり味をみることだと考えられています。

その言葉があらわすとおり、新嘗祭では、天皇がその年にとれた米などの穀物や、酒を神に供え、その後、供えた物を自ら食し、**神人共食**をします。

天皇は毎年、新嘗祭で捧げるために、皇居内の水田で稲を育て刈り取ります。この行事の始まりはそれほど古くありませんが、新嘗祭の原理にのっとって行われるもので、重要な儀礼とされています。

天皇による豊穣祈願

古代より、米は命の糧であり、国家の基盤となるたいせつな作物でした。豊作への祈りを神に捧げ、豊かな国を実現することは、国家最高の祭祀を主宰する天皇のもっとも重要なつとめでした。その精神は1000年以上の時を超えて、宮中祭祀というかたちのなかに、今も変わらず受け継がれているのです。

用語

祈年祭
2月17日に行われるその年の豊穣祈願の祭典。

新嘗祭
新嘗祭は毎年行われるが、新たな天皇が即位した後、初めて行うものは大嘗祭《だいじょうさい》という。新嘗祭は、宮中で行われるのに対し、大嘗祭は、そのために特別に造られた大嘗宮で行われる。

日本書紀
→89ページ

神人共食
→84ページ

12 古事記・日本書紀にみる稲作の始まり

神話の世界では、稲作への妨害は重罪

古事記は、712年に撰録《せんろく》された日本最古の歴史書です。日本の国土、自然、文化の起源が、神々を中心としたストーリーで描かれており、古代人が、この世界や自己の存在をどのように捉え、考えていたかを今に伝える貴重な資料でもあります。

古事記で、最初に米にまつわる物語が語られるのは、**アマテラスオオミカミ**との勝負に勝った**スサノオノミコト**が、勝ち誇り、いたずらを繰り返す場面です。スサノオは、アマテラスが耕す水田の畔《あぜ》を壊し、田に水を引く水路を埋め、祭礼が行われる神殿に糞をして汚します。これらのいたずらは、古代の罪の概念の一つである、天《あま》つ罪の起源を説いたものだといわれています。天つ罪とは、農耕と神事に関する不法行為のことで、重罪とされました。

五穀は神の死から生まれた

さらに、米は、穀物の起源を描いたとされる場面でも登場します。高天原《たかまのはら》を混乱に陥れた罪により、追放されたスサノオは、地上へ向かう途中、食べ物の女神であるオオゲツヒメノカミに、食べ物を求めます。すると、オオゲツヒメは、鼻や口、尻から食べ物を取り出して調理します。この様子を見たスサノオは、汚《けが》らわしいと腹を立て、オオゲツヒメを殺してしまうのです。

殺されたオオゲツヒメの体からは、さまざまな穀物などが生まれます。頭には蚕、2つの目には稲の種、2つの耳には粟、鼻には小豆、陰部には麦、尻には大豆が出現します。そこで、万物の生成に関わる神であるカムムスヒノミコトはこれらを集め、五穀の種として地上に授けるのです。

用語

古事記
天武天皇の勅命により、稗田阿礼《ひえだのあれ》に誦習《しょうしゅう》させた歴史を、元明天皇の命で太安万侶《おおのやすまろ》が文章で記録した日本最古の歴史書。天皇の支配を正当化する目的で編纂され、天地の始まりから、推古天皇までの歴史が記されている。

アマテラスオオミカミ
日本神話に登場する高天原の主神。太陽神であり、皇室の祖神。

スサノオノミコト
アマテラスの弟。乱暴者として高天原から追放される。出雲国でヤマタノオロチを退治したエピソードが有名。

日本書紀
天武天皇の命により編纂され、720年、元

日本書紀と穀物起源神話

720年に完成した**日本書紀**にも、これに似た物語が挿入されています。日本書紀では、月の神とされるツクヨミノミコトが、地上界の食物神であるウケモチノカミを殺したさいに、その死体から、五穀や牛馬、蚕が生じます。アマテラスは、これを**青人草**《あおひとぐさ》の食物とすべきだと賞賛し、蚕を飼い始めます。そして、粟、稗、麦、豆を陸田種子《はたけつもの》、米を水田種子《たなつもの》として、稲種を天狭田《あまのさなだ》と長田《ながた》に植え、秋の豊作を喜びます。日本書紀では、米は他の作物と区別され、特別視されました。

また、女神の死体から作物が生じるという神話は、東南アジアの焼畑農耕民族に多くみられ、ドイツの神話学者、イェンゼンによって**ハイヌヴェレ型神話**と名づけられました。生命を誕生させる女性を母なる大地と重ね合わせる思想や、刈り取られても復活し、実りをもたらす作物が象徴する死と再生の生命観が、神話の根底に流れていると考えられています。

神話の神から生まれたとされるもの

蚕

稲

粟

小豆

麦

大豆

正天皇の時代に成立した歴史書。海外に通用する日本の正史として、国外に向けて日本国の正当性を訴える目的で編纂されたとされる。漢文で書かれ、持統天皇までの歴史が記されている。

青人草
人民、国民のこと。人が増えるのを、草が生いしげるのにたとえた言葉だといわれている。

ハイヌヴェレ型神話
神の死体から作物があらわれるというストーリーを持つ神話。ハイヌヴェレとはインドネシア東部のセラム島のヴェマーレ族に伝わる神話に登場する少女の名前。ハイヌヴェレは、自分の体から高価な品物を排泄し、人々に分け与えていたが、怪しまれて殺される。父親は悲しみ、その屍を掘り出して、刻んで広場に埋めたところ、死体の断片がイモとなり、人々の食物になる。

13 米を量る単位

日常的に使われる昔からの単位

通常、1カップといえば、200㎖ですが、ご飯を炊くときに使う米の計量カップの容量は、180㎖。これは、およそ1合に当たります。

この単位は、日本古来の長さや容積の量り方である**尺貫法**にもとづくものです。現在では国際的に統一された**メートル法**を使いますが、50年ほど前までは、メートル法と併せて尺貫法が使われていました。

米などを量る容器である1升枡の大きさは、1669年に、徳川幕府によって全国で統一され、4**寸**9**分**四方、深さ2寸7分、と定められました。

1升は、ℓ《リットル》に換算すると、約1・8ℓです。1升の10分の1が、今でもよく使われる1合で、1合の10分の1が1勺《しゃく》。また、1升の10倍は1斗で、1斗の4倍が1俵、1斗の10倍が1石です。

米の1石は150kgに相当し、大人1人が1年間に食べる米の量とされました。1石は1000合に当たるため、1日分はおよそ3合となります。

田んぼの面積をあらわす単位

太閤検地では、6尺3寸四方を1歩として面積を測りましたが、慶長・元和《げんな》以降（1596年〜）になると、6尺四方が1歩となります。30歩が1畝、10畝が1段（反）ですから、メートル法で1段（反）は約991・7㎡となります。これは、10aと同じくらいの広さなので、今日でも10a当たりの収量を「反収」とよびます。

ちなみに太閤検地では、もっとも生産力が高いとされた田んぼでも、反収は1・5石（約225kg）程度と見積もられましたが、現代では生産力が向上し、544kg（2016年の全国平均）となっています。

用語

尺貫法
日本古来の度量衡法で、長さの単位を尺、体積の単位を升、質量の単位を貫としてあらわす。1959年に原則として廃止され、66年に、メートル法に統一された。

メートル法
国際的に計量単位を統一するため、18世紀末にフランスで提唱された単位。10進法にもとづくもので、長さにメートル（m）、質量にグラム（g）、体積にリットル（ℓ）、面積にアール（a）などを用いる。

寸
1寸は約3・03㎝。

分
1寸の10分の1。

米に関する単位

量をあらわす単位

		容量	重さ
1石（こく）	（＝10斗）	≒180ℓ	≒150kg
1俵（ひょう）	（＝4斗）	≒72ℓ	≒60kg
1斗（と）	（＝10升）	≒18ℓ	≒15kg
1升（しょう）	（＝10合）	≒1.8ℓ	≒1.5kg
1合（ごう）	（＝10勺）	≒180mℓ	≒150g

面積をあらわす単位

1町（ちょう）	（＝10反）	≒10,000㎡	＝1ha	≒3,000坪
1反（たん）	（＝10畝）	≒1,000㎡	＝10a	≒300坪
1畝（せ）	（＝30歩）	≒100㎡	＝1a	≒30坪
1歩（ぶ）		≒3.3㎡		≒1坪

※1坪＝3.305785㎡
1反＝991.74㎡

14 米と発酵食品の深い関係

米麹からできる酒や調味料

米麹《こめこうじ》とは、蒸した米にカビの一種である**麹菌**を繁殖させたもので、米に大量に含まれるデンプンを、ブドウ糖に分解する働きがあります。このブドウ糖は、アルコール発酵には不可欠な成分です。そして日本酒は、蒸した米と米麹、水、**酵母**という微生物を混ぜ、それをさらに発酵させて造られます。また、米麹はデンプンを分解する力が強いため、米焼酎をはじめ、麦焼酎や芋焼酎の製造にも使われます。

そのほか、米麹は米酢やみりん、米みそ、近年流行している塩麹といった調味料にも使われます。

弥生人もすしを食べた？

すしといえば、にぎりずしやちらしずしを思い浮かべますが、その始まりは、ご飯に魚を漬け、**乳酸発酵**させた「なれずし」だといわれています。

なれずしは、東南アジア発祥の保存食で、日本には中国を経由して、稲作とともに伝わった可能性が高いと考えられています。すしの語源は、酸っぱいことを意味する「酸《す》し」だといわれ、乳酸発酵が生み出す独特の酸味が、その味わいの特徴でした。

なれずしの原形を残しているのが、滋賀県の琵琶湖周辺で食べられている鮒《ふな》ずしです。鮒ずしは、鮒に塩とご飯を加え、長時間発酵させたもの。ご飯は発酵で形が崩れ、漬けた魚を食べます。

室町時代には、途中で発酵をやめ、ご飯もいっしょに食べる「生なれ」も作られるようになりました。

そして、江戸時代に入り、庶民のあいだに酢が出回るようになると、乳酸発酵させずに、酢を加えて酸味を出したすしが広まりました。「押しずし」「ちらしずし」「にぎりずし」など、現在に伝わるすしの

用語

麹菌
コウジカビの一群の子《し》嚢菌《のうきん》で学名はアスペルギルス。日本で醸造に使われる麹菌は、学名はアスペルギルス・オリゼ。日本で育まれた独自の麹菌であり、米に加えると、酵素を出して米のデンプンやタンパク質を分解し、増殖する。

酵母
↓96ページ

乳酸発酵
乳酸菌などが糖類を分解することにより、乳酸を生成すること。

ほとんどは、江戸時代に生まれたといわれています。
麹を使ったすしもあります。いずしと呼ばれる種類で、魚や野菜を米と麹とともに発酵させます。北陸から東北、北海道にかけて盛んに作られ、サケやニシン、ハタハタ、ブリなどが使われます。

納豆は稲わらで作る

納豆は、ゆでた大豆に納豆菌を加え、発酵させたものです。納豆菌は枯草菌の一種で、枯れ草や土壌、空気中など、身近な場所に存在します。

とくに、保温・保湿力の高い稲わらは、納豆菌の格好のすみかです。現在売られている納豆は、人工的に培養した納豆菌を使ったものがほとんどですが、昔は東北や北関東を中心に、各家庭で煮た大豆を**わら苞**《づと》でくるみ、自家製の納豆を作っていたのです。

このように、日本には米やわらを使った発酵食品が数多くあります。これらは、適度な気温と湿度を有する日本の気候と、稲作文化、そして人々の知恵が生んだ風土食なのです。

すしの種類の多様化

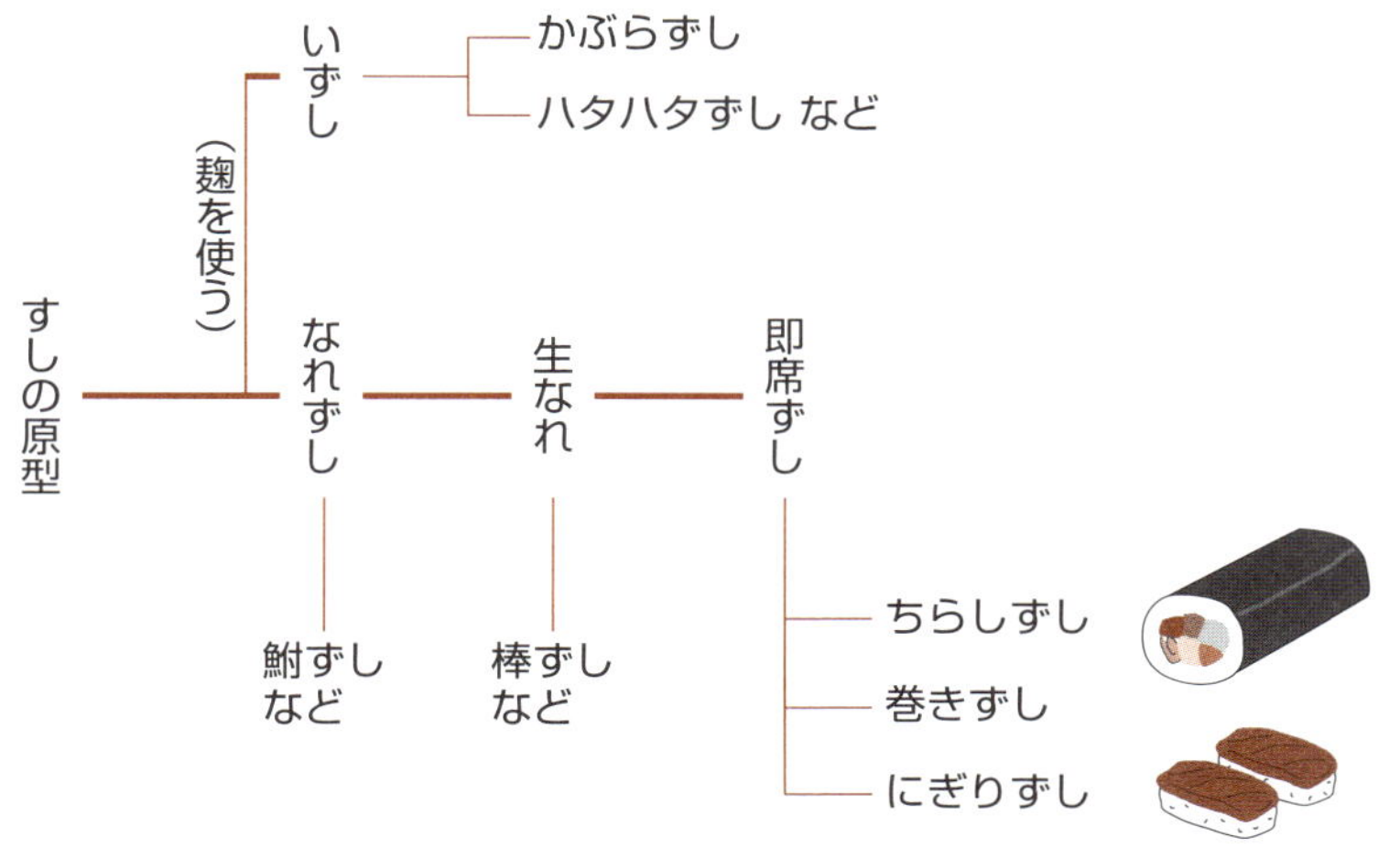

用語

わら苞
わらを束ね、物を包むようにしたもの。

15 現代にも生かされている糠の力

暮らしに生かされる米の副産物

稲は**脱穀**、**精米**される過程で、茎の部分であるわら、籾殻、糠が残ります。昔の人々は、これらの米の副産物を、暮らしの随所で活用してきました。

わらは肥料や家畜の餌にするほか、家屋の屋根やわらじなどの日用品に使われました。また、納豆作りにも欠かせませんでした。籾殻も、家畜の餌や肥料として使われてきました。

そして糠は、ビタミンやミネラル、脂質、タンパク質などの栄養を豊富に含むため、食べ物や肥料などとして、広く活用されてきました。

糠漬けにすれば栄養価もアップ

糠を使った代表的な食べ物といえば、糠漬けでしょう。糠に塩と水を混ぜて**乳酸発酵**させた糠床に、ダイコンやキュウリ、ナスなどの野菜を漬ける、昔ながらの漬け物です。

糠漬けの発祥は、江戸時代だといわれています。当時、精米技術が向上し、白米が食べられるようになったため、糠が大量に出回るようになりました。その頃から、糠漬けが作られるようになったのです。

ひと昔前まで、多くの家庭では、自家製の糠床がたいせつに受け継がれていました。時代とともに、糠漬けを作る人は減っていきましたが、近年、その健康効果が見直されています。

とくに注目されているのが、乳酸菌です。糠床の乳酸菌には腸内環境を改善する働きがあります。その結果、便秘解消や美肌効果があり、肥満や糖尿病のリスクを減らします。また、免疫力を高め、風邪予防に役立つことでも知られています。そのうえ、糠に多く含まれる栄養分が野菜に移るため、生で食

用語

脱穀 →19ページ
精米 →19ページ
乳酸発酵 →92ページ

べるよりも、栄養がアップします。なかでも、ビタミンB_1は、野菜によっては10倍以上に増えます。また、独特の深い味わいも、糠漬けの魅力です。糠床の乳酸菌や酵素の働きにより、アミノ酸やペプチドが生まれ、野菜のうまみが増すのです。

肌の手入れにも

糠は昔から、保湿効果があるといわれ、人々は、糠を煎って「糠袋」と呼ばれる木綿の袋に入れ、顔や体をこすって洗っていました。

現代では、糠は、美容によいとされるビタミンやミネラル、セラミドを多く含むことがわかっています。セラミドとは、皮膚の角質層を形成する細胞膜に分布する脂質の一種。皮膚のうるおいや、やわらかさを保つ働きがあるほか、シミなどの原因となるメラニンの過剰な蓄積を防ぐといわれ、美白効果も期待されています。そこで、体にやさしい自然の素材として、石けんや入浴剤、化粧品などの原料として糠が使われることがあります。

糠漬けの栄養分

		エネルギー	たんぱく質	脂質	炭水化物	カリウム	カルシウム	マグネシウム	リン	ビタミンA（レチノール活性当量）	ビタミンB_1	ビタミンC	食塩相当量
		(kcal)	(g)			(mg)				(μg)	(mg)		(g)
ダイコン	生	18	0.5	0.1	4.1	230	24	10	18	0	0.02	12	0
	糠漬け	30	1.3	0.1	6.7	480	44	40	44	0	0.33	15	3.8
ナス	生	22	1.1	0.1	5.1	220	18	17	30	8	0.05	4	0
	糠漬け	27	1.7	0.1	6.1	430	21	33	44	2	0.1	8	2.5
キュウリ	生	14	1	0.1	3	200	26	15	36	28	0.03	14	0
	糠漬け	27	1.5	0.1	6.2	610	22	48	88	18	0.26	22	5.3

※それぞれ100g当たりの数値

資料：香川明夫監修『食品成分表2018』（女子栄養大学出版部　2018年）をもとに作成

16 米と日本酒

多様化する酒米

日本酒は、米から造られます。一般的に、原料となるのは、酒米（正式には酒造好適米）とよばれる、酒造りのために栽培される水稲のうるち米です。

酒米の特徴は、食用の米より大粒で、中心にデンプン質を多く含む**心白**《しんぱく》があることです。心白の周辺には、雑味の原因となるタンパク質や脂質が含まれるため、**精米**のさいに削られます。削る割合（**精米歩合**）は、酒の種類によって異なりますが、たとえば大吟醸酒の場合は、50％削られます。

酒米の品種には、『山田錦』『五百万石』『雄町』などがあります。なかでも『山田錦』は、大粒で脂質、タンパク質が少なく、日本酒に最適といわれています。また、都道府県の農業試験場などでも、地域に根ざした新品種の開発が進められています。

酒造りの行程と種類

日本酒の製造法は、江戸時代の初期に、ほぼ完成したといわれています。現在は機械化されていますが、酒造りの工程自体は、昔と変わっていません。

まず、酒米を精米します。次に、米を洗い、水に浸してから蒸します。蒸した米に麹菌をふりかけて混ぜ、2日ほどかけて菌を繁殖させたものが、米麹です。この米麹と、蒸した米、水、**酵母**を混ぜて発酵させると、酒のもととなる「酒母《しゅぼ》」ができます。

そして、酒母に蒸した米、米麹、水を3回に分けて加え、タンクなどで20～30日かけて発酵させると、ドロドロの「もろみ」になります。もろみを搾って、粕などを取り除いたら、加熱して「火入れ」と呼ばれる殺菌処理をします。これを半年ほど熟成させたものが、瓶詰めされ、出荷されるのです。

用語

心白
酒米の米粒の中心にある、白い部分。デンプン質を多く含み、やわらかく、麹菌が繁殖しやすい。

精米
→19ページ

精米歩合
精米後の米粒の、玄米に対する重量の割合で、どれだけ米を削ったかをあらわす。たとえば精米歩合60％なら玄米の表層部を40％削り取る。

酵母
微生物の一種。糖分を分解し、アルコールを生成する働きがある。

日本酒は大きく分けて、「普通酒」と高級品の「特定名称酒」があります。特定名称酒とは、本醸造酒、純米酒、吟醸酒のことで、原料や精米歩合などにより、さらに8種類に分けられます。国税庁の規定で、それぞれの要件が定められており、該当する製品のみ、ラベルに名称を表示することができます。

地域の取り組みと海外へ輸出される日本酒

食生活の変化やアルコール類の多様化により、日本酒の消費量は低迷しています。日本の文化を守り、産業を応援しようと、自治体などは対策に乗り出しています。たとえば京都府は、2013年に、最初の乾杯を日本酒ですることを推進する条例を施行。各地がそれに続き、数十の自治体が同様の「乾杯条例」を制定しました。また、各地の酒蔵も「酒蔵めぐり」ツアーの企画や海外への輸出など、さまざまな取り組みを進めています。日本酒は世界の和食ブームなどを背景に、71か国へ2万6000kℓが輸出(18年)され、この10年間で倍増しています。

「特定名称酒」の分類

特定名称	使用原料	精米歩合	麹米使用割合	香味等の要件
吟醸酒	米、米麹、醸造アルコール	60%以下	15%以上	吟醸造り、固有の香味、色沢が良好
大吟醸酒	米、米麹、醸造アルコール	50%以下	15%以上	吟醸造り、固有の香味、色沢が特に良好
純米酒	米、米麹	―	15%以上	香味、色沢が良好
純米吟醸酒	米、米麹	60%以下	15%以上	吟醸造り、固有の香味、色沢が良好
純米大吟醸酒	米、米麹	50%以下	15%以上	吟醸造り、固有の香味、色沢が特に良好
特別純米酒	米、米麹	60%以下または特別な製造方法(要説明表示)	15%以上	香味、色沢が特に良好
本醸造酒	米、米麹、醸造アルコール	70%以下	15%以上	香味、色沢が良好
特別本醸造酒	米、米麹、醸造アルコール	60%以下または特別な製造方法(要説明表示)	15%以上	香味、色沢が特に良好

※麹米/米麹の製造に使用する白米
※醸造アルコール/デンプン質物や含糖質物から醸造されたアルコール
※吟醸造り/吟味して醸造することをいい、しっかり精米した白米を低温でゆっくり発酵させ、特有な芳香(吟香)に仕上げる醸造法

資料:国税庁HPをもとに作成

コラム 地域を盛り上げる田んぼアート

津軽平野の米とリンゴの村に 毎年20～30万人の観覧客

水田に巨大な絵や文字を描き出す田んぼアート。野生種の形質を残しているとされる古代米は、葉や穂が、赤、黄、白など、さまざまな色に変わります。何種類もの古代米の苗と通常の米の苗を、計画的に水田に植えることで、絵や文字が浮かび上がってきます。

アートと呼ばれるほど見事な絵や文字を田んぼに描く取り組みは、北は北海道の旭川市と上川郡、南は鹿児島県南九州市まで、国内の20か所以上で行われ、台湾、韓国、中国にも広まっていますが、最初にこれを始めたのは青森県の津軽平野にある田舎館村です。村の小学校では授業の中で黄や紫の古代米を育てていました。ただ植えるのではなく、稲の色の違いで簡単な絵を描いていたようです。それを知った村役場の職員が発案し、1993年から「村おこし」をめざす行事としてスタートしました。

作品は年を追って細密に、また企業やマスコミとも提携して規模も大きくなり、今では海外からも含めて毎年20～30万人の観覧客を集めています。

田んぼを巨大なキャンバスに見立てているので、地上からは絵の一部しかわかりません。高さ13～14mの展望デッキから絵の全体を眺めたときに、いちばん美しく見えるように、種類の異なる稲が、遠近法を踏まえて精密に植え込まれます。田舎館村では、田植え体験ツアー参加者（約1300人）、村民有志、近くの高校に通う生徒などの協力を得て、2か所の会場の田植えを行っています。

作品を眺める楽しみ、田んぼに触れるよろこび

田んぼに描かれる題材は、田舎館村では葛飾北斎などの浮世絵、弁慶と牛若丸、ウルトラマン、サザエさん、ヤマタノオロチとスサノオノミコト、映画『ローマの休日』などさまざまですが、2019年は、往年のNHK連続テレビ小説『おしん』の1シーンが選ばれました。「おしん」はアジア各地で爆発的な人気を博したので、アジアから観光客を誘引する期待も込めたようです。

田んぼアートの見ごろは、田舎館村の場合は、稲が隙間なく生育して鮮やかに発色する7月下旬以降ですが、背景の稲穂が緑から黄金色に変わる9月も見ごたえがあるとか。葉や穂が風にそよいで刻々と表情を変えていくのも、田んぼアートならではの魅力です。

多くの田んぼアート会場では、見ごろの時期に観覧客を集めるだけでなく、田植えや稲刈りの体験ツアーを実施しています。いわば、見る田んぼから触れる田んぼへ。稲作を身近なものに感じてほしいという願いも、田んぼアートには込められています。

第4章

米作りの構造と戦後農政の流れを知る

1 米の生産量と農業生産に占める位置

米の産出額は農作物のなかでトップ

２０１８年産の水稲の作付け面積は、１４７万ha。そのうち、飼料用米や米粉用、加工用、**備蓄米**などを除いた主食用米は、作付け面積が１３８万６０００haで、収穫量は７３２万７０００tでした。

生産量の多い地域は、１位が新潟県、２位は北海道で、３位秋田県、４位茨城県と続いています。ここ数年は新潟県と北海道が、僅差で１、２位を争っています。

米の**産出額**は年々低下傾向で推移していますが、17年の産出額は農産物のなかで1位の1兆７３５７億円。農業産出額全体のおよそ5分の1を占めています。この金額は、2位で1兆８３２億円の葉茎菜類を、まだ大きく引き離しています。

作付け面積の減少

水稲の作付け面積と収穫量は、どのように変化してきたのでしょうか。１９５０年代から60年代にかけて、土地改良や機械化などにより、米の作付け面積は大幅に増えました。品種改良の成果もあって、反収も増加しましたが、60年代半ばになると、生産量が消費量を上回るようになり、米余りが生じました（１１６ページ）。政府は、米価の下落に歯止めをかけるため、作付け面積を減らす**生産調整**を実施。その結果、作付け面積は69年の３１７万３００haをピークに減少し、現在は約半分となっています。

農業産出額に占める割合はどうでしょうか。じつは、55年には、日本の農業産出額の半分以上は、米によるものでした。その後も、米が1位であることは変わりませんが、農業生産額全体に占める割合は

用語

備蓄米
→１３４ページ

産出額
収穫量から種子として採取された数量などを除き、農家庭先価格を掛けたもの。

生産調整
→１１２ページ

農業産出額（2017年）

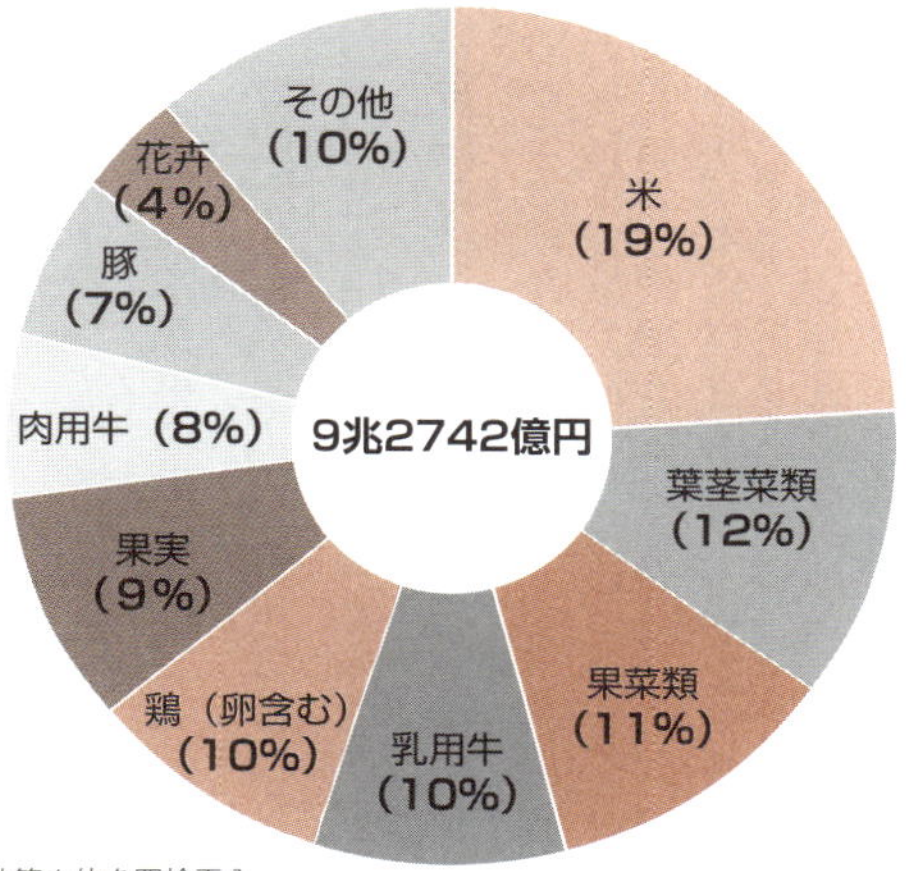

※小数第１位を四捨五入

資料：農林水産省「生産農業所得統計」（2017年）をもとに作成

農業生産に占める割合の推移

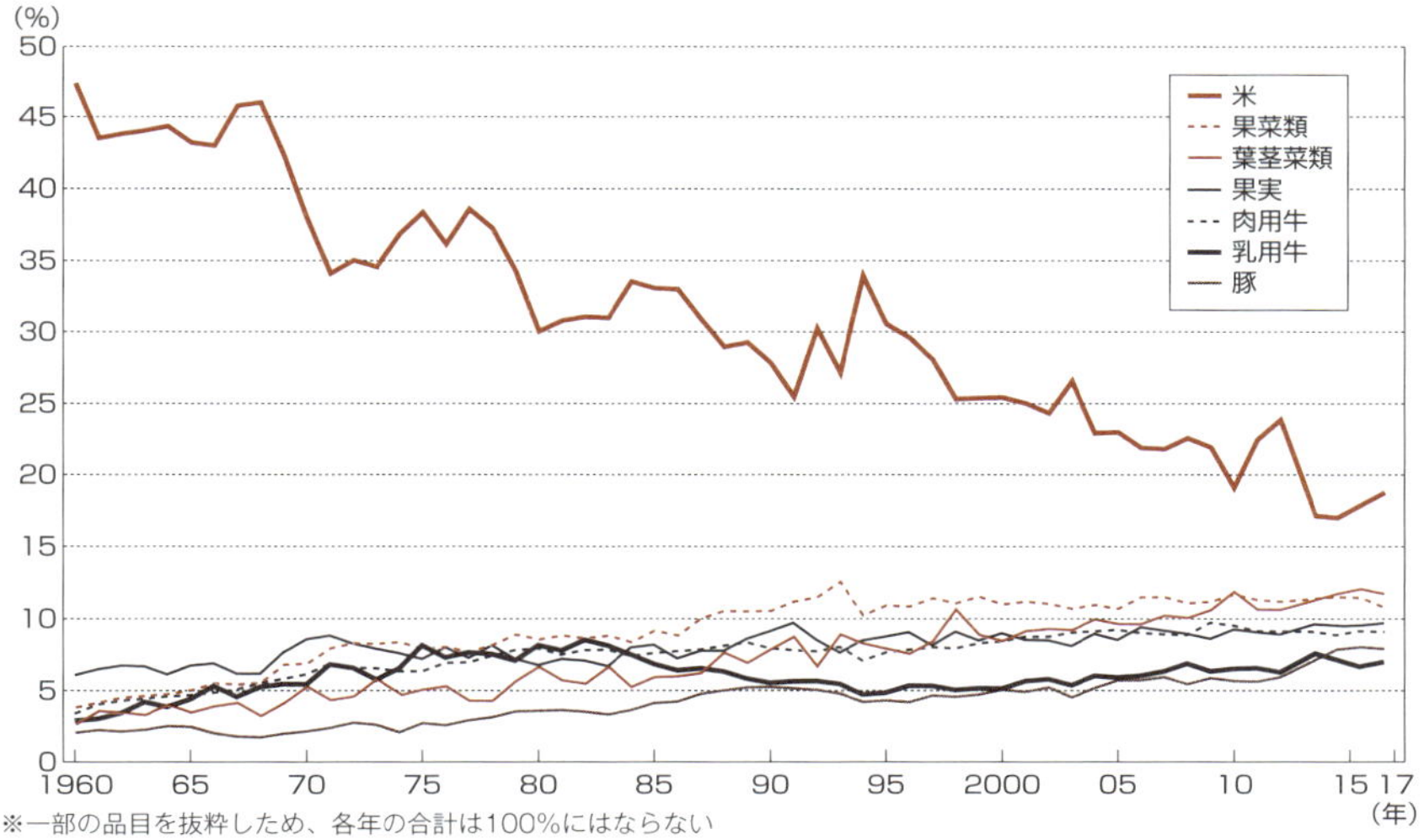

※一部の品目を抜粋したため、各年の合計は100%にはならない

資料：農林水産省「生産農業所得統計」（2017年）をもとに作成

大きく下がっています。生産量の減少とともに、米の価格そのものが低下していることもその理由です。

組織経営体の影響力

稲作農家の大多数は、10ha未満の小規模で、家族単位で事業を行っている家族経営体です。

一方で、2015年の水田面積のシェアをみてみると、10ha未満の農家が使う水田は65%にとどまっており、全水田面積のおよそ3分の1は10ha以上の家族経営体（19%）と組織経営体（15%）が使っていることになります。

また、企業形態別の水田面積のシェアは、家族経営体が84%、組織経営体が16%です。農家以外の法人や集落営農で事業を行う組織経営体の数は増える傾向にあり、また、これらの経営体では、常時雇用者の数が増えており、オペレーターなど若い人たちの雇用が進んでいるという現状もあります。

企業形態別・規模別にみた水田利用割合

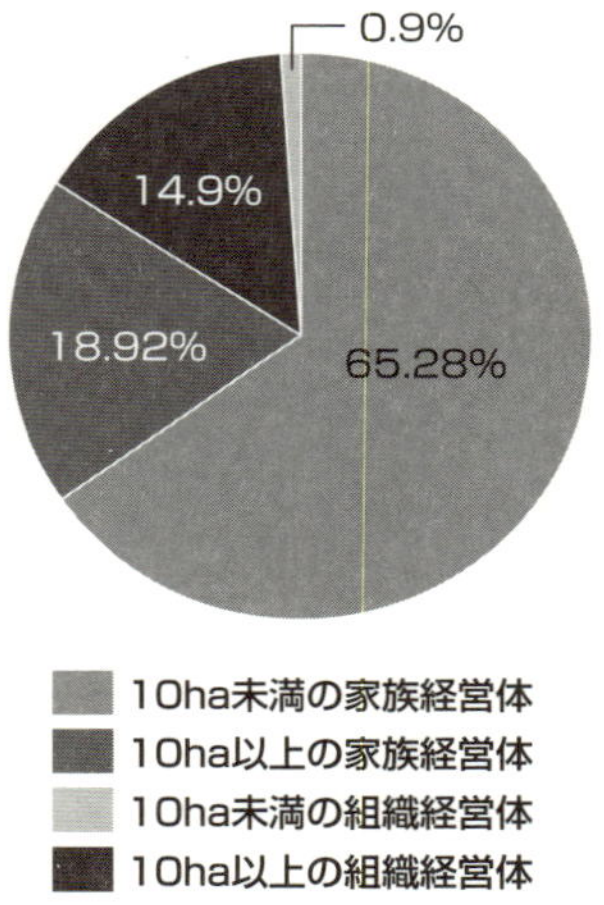

企業形態別・規模別にみた稲作農家の割合

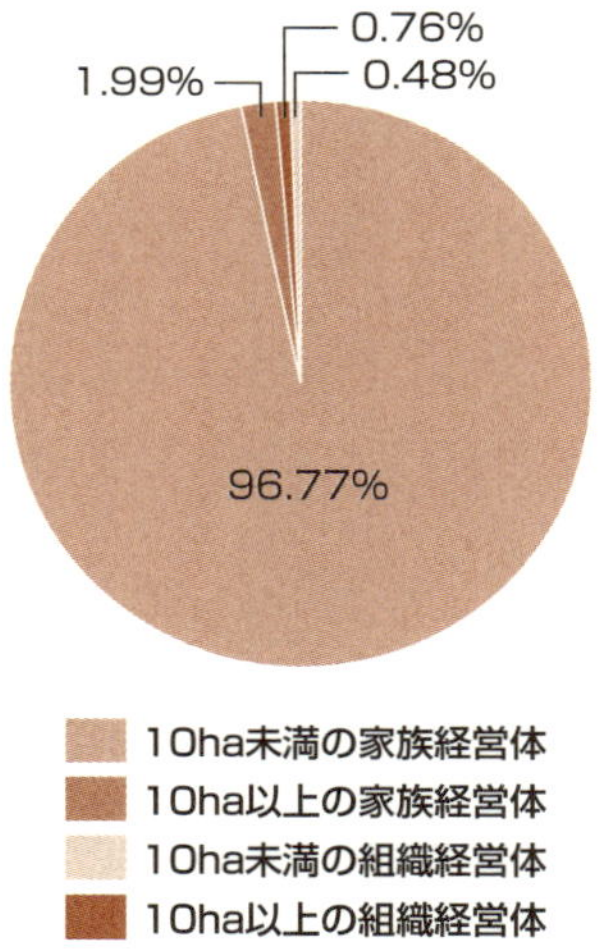

資料：農林水産省「2015年世界農林業センサス報告書」をもとに作成

2 変わりつつある稲作の構造

専業農家と兼業農家

日本では、経営耕地面積が10ａ以上の農業を行う世帯、または過去1年間における農産物販売金額が15万円以上の規模の農業を行う世帯のことを、「農家」としています。そのうち、耕地面積が30ａ以上、または農産物販売金額が50万円以上の農家を、販売農家としています。ちなみに、耕地面積や販売金額がこの基準に満たない農家は、「自給的農家」と位置づけられています。

販売農家は、さらに「専業農家」「兼業農家」に分けられます。

専業農家は、家族のなかに農業以外の仕事をしている人がいない農家のことです。年間で30日以上、誰かに雇用されて仕事をしたり、農業以外の自営業に従事したりしている人がいる場合は、専業農家にはなりません。

兼業農家は、家族のなかに農業以外の仕事をしている人がいる農家のことです。兼業農家は、農業所得のほうが他の仕事からの収入より多い「第1種兼業農家」と、他の仕事からの収入のほうが多い「第2種兼業農家」に分けられます。1960年には、専業農家、第1種兼業農家、第2種兼業農家数は、ほぼ同じでしたが、その後、第2種兼業農家の割合が高まっていきました（104ページ下図）。

減少する兼業農家

近年では、販売農家の数は年々減少しています。しかも、90年以降の農家数の減少の大部分は、兼業農家（とくに第2種兼業農家）です。その背景として、高齢化が大きく進んだほかに、地方での働き口の減少があります。89年のバブル崩壊後、繊維、電器などの工場の海外移転や、国内製造していたものを海外調達に切り替える動きが高まり、地方の製造業従業員の大幅な削減が行われたためです。一方で、3次産業とよばれるサービス業などの就業者割合は増えており、若者の都市部への流出が不可避になってきています。これまでのように農業者が農家から在宅通勤するには難しい状況になっています。

変化していく稲作の構造

高齢農家や兼業農家の減少と同時期に、強力な政策推進とJAの支援によって、各地で農地の規模拡大や多くの集落営農または**集落営農法人**の設立が進みました。それにより、10～30haの家族経営体や、10ha以上の組織経営体（多くが集落営農または集落営農法人）が増えてきています。さらに、2025年には稲作の担い手の平均規模は30～40haになるという推計も出ており、今後は5ha未満の小規模農家とともに、規模の大きい経営体が稲作を担うという構造に転換しつつあるといえます。

専業・兼業別農家数の推移

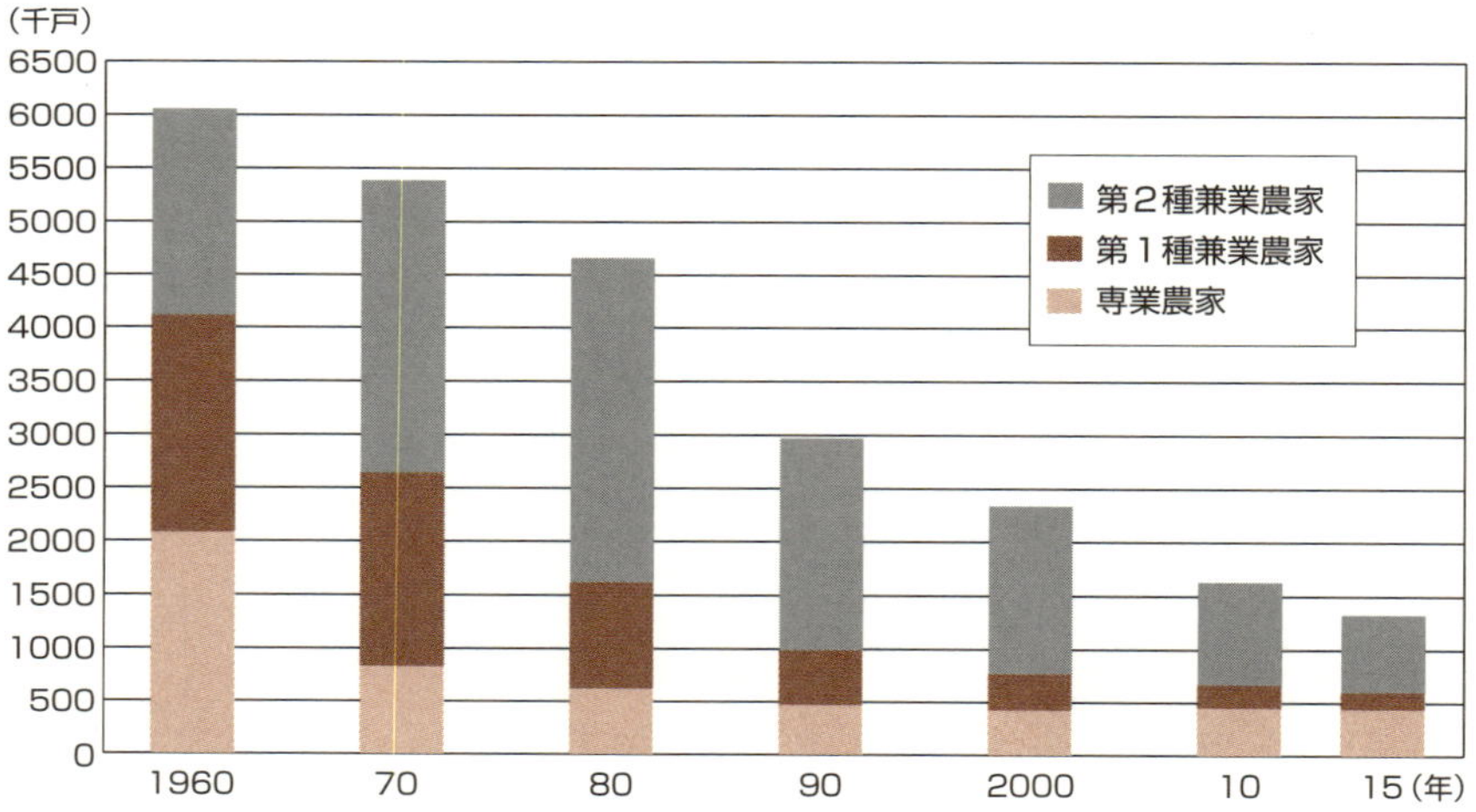

資料：農林水産省『農林業センサス』の各年次をもとに作成

用語
集落営農法人
→106ページ

3 畜産や園芸と比べた稲作農家の所得と労働時間

規模は大きくても労働時間は少ない

稲作は機械化が進んでいるため、労働時間が短縮されています。10ha以上の耕地面積を持つ稲作農家の年間の平均所得は、1237万8000円。そして、その労働時間は4351時間です。

一方、野菜農家は2～3haで654万5000円の所得がありますが、労働時間は5311時間です。果樹農家は2～3haで、所得は511万4000円、労働時間は5507時間です。稲作農家の3分の1にも満たない面積で、野菜農家や果樹農家は1・2倍以上の労働時間が必要とされています。

稲作では、大規模な農業経営が実現できれば、短い労働時間で高所得を得ることも可能といえるでしょう。このような経営は、今後の稲作のあり方の一つだと考えられます。

稲作における主な作業ごとの時間（10a当たり全国平均）

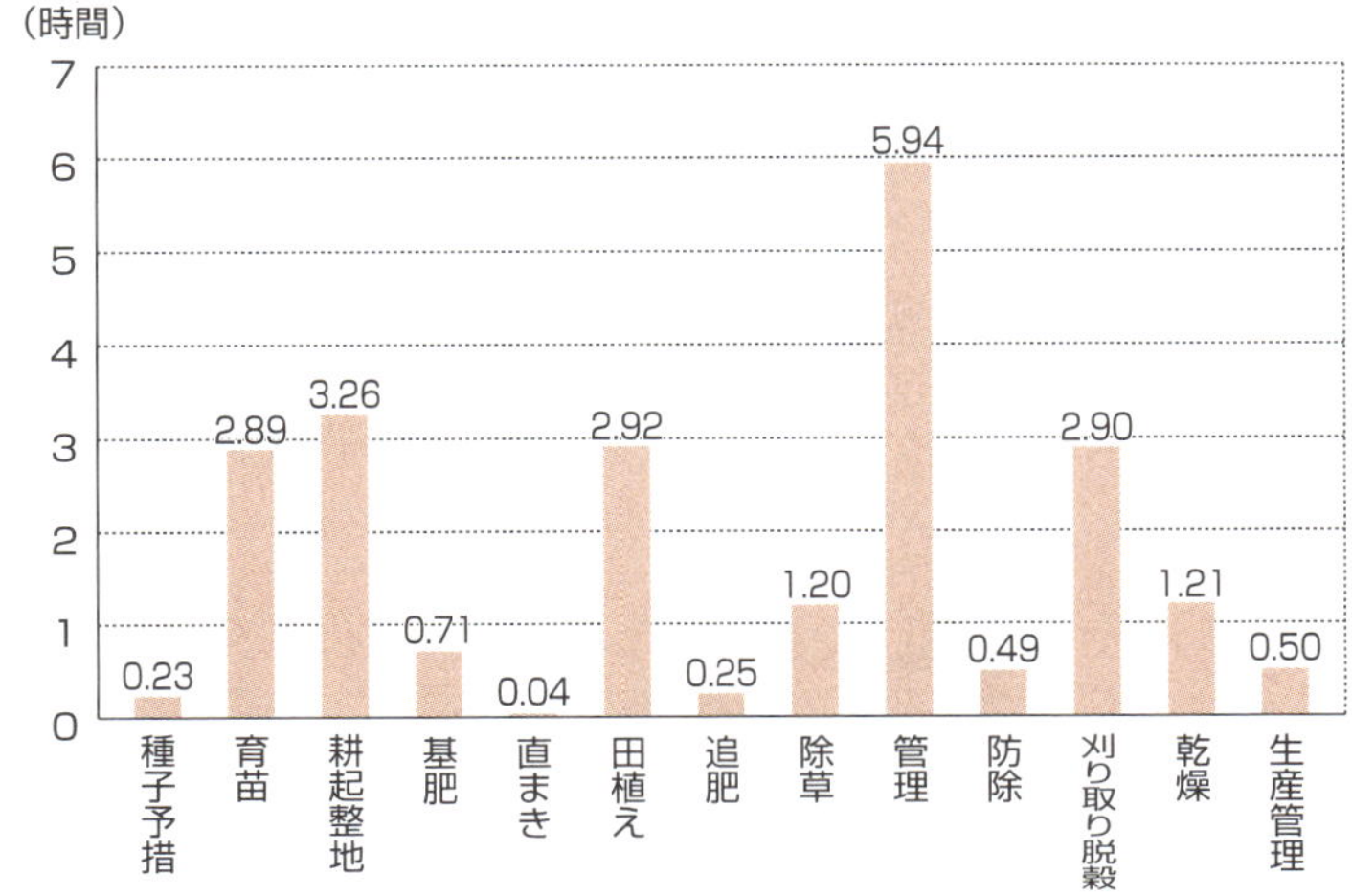

※主な作業時間の合計は、22時間54分

資料：農林水産省「農業経営統計調査」（2017年）をもとに作成

用語

種子予措
播種前の種子に行う一連の作業。種子を選別する「塩水選」、病害を防除するための「消毒」、発芽を促すために水分を種子に吸収させる「浸種」、均一に発芽させるため種子を温水に浸漬させる「催芽」といった工程がある。

4 米作りのアウトソーシングが進む

農作業を委託する兼業農家

高度経済成長が進む1960年代には約1454万人の農業従事者がいましたが、その後は減少を続け、2018年には約175万人となりました。このような状況の下、農作業の一部を外部に委託（アウトソーシング）する人が増えています。委託先は、**集落営農法人**や個別の**農業法人**、JAなどです。

では、どういう人たちが農作業を委託しているのでしょうか。作業を委託した人たちを割合の多い順に職業別でみてみると、1番目が会社員、2番目が定年退職・無職、3番目に農業と続きます。ここからわかるのは、兼業農家が、作業の一部を委託するケースが多いことです。兼業農家は、主な働き手が会社など外に働きに出ているため、ほとんどの場合、農作業は休日にしかできません。そのため、適期に行わなければならない作業や機械作業を、農業法人など専業農家を中心としたグループに委託するようになってきたのです。

委託されることの多い仕事は、育苗と耕起・代《しろ》かき、田植え、農薬散布などの防除、収穫と収穫後の乾燥・**調製**など販売に至るまでの機械作業です。

これらの仕事を外部に委託すれば、委託した人は、もっとも少なく見積もった場合、年間で1週間程度の時間をかければ稲作ができる計算になります。

委託が進む要因として高齢化も

稲作のアウトソーシング化が進むもう1つの要因として、農家の高齢化が挙げられます。

農業に就いている人のうち65歳以上の割合は、1970年は18％弱でしたが、2018年には69％近くまで増えており、著しく高齢化が進んでいます。

用語

集落営農法人
集落を単位に、農作業の一部もしくはすべてを共同で行うための組織。機械や施設の共同利用、共同作業、特定の担い手への作業の委託など、さまざまな形態がある。

農業法人
農業を営む法人の総称。農地を利用するか否かによって「農業生産法人」と「その他の農業法人」に分けられる。2016年の農地法の改正により、それまでの「農業生産法人」は、「農地所有適格法人」に改められ、1万8236法人存在している（2018年）。

調製
→56ページ

作業委託者を年齢別にみると、70代以上がもっとも多く、次いで60代、50代となっています。

高齢化の進んだ**中山間地域**などでは、作業を受託する集落営農法人など地域農業の担い手の存在なしには、農業が成り立たない状態になっています。

ただし、高齢化が進み、委託をする人が増えれば、受託して実際に作業をする人の負担は大きくなっていきます。農地そのものを託し、自らは農村を離れる人も出てくるでしょう。そうなると、受託する人の負担はますます大きくなり、最終的には、農村コミュニティの維持そのものが難しくなってきます。

昔から、用水の管理や農道の保全など、米作りには集落の人たちが共同で行う作業がたくさんありました。そこで、14年から導入された「日本型直接支払」（130ページ）では、水路の管理やため池の補修など集落の共同作業を支援するため、交付金が払われるようになりました。米作りは委託であっても、地域資源である水路や農道は、集落で守っていこうという政策が進められています。

水稲作業の受託延べ面積（2015年）

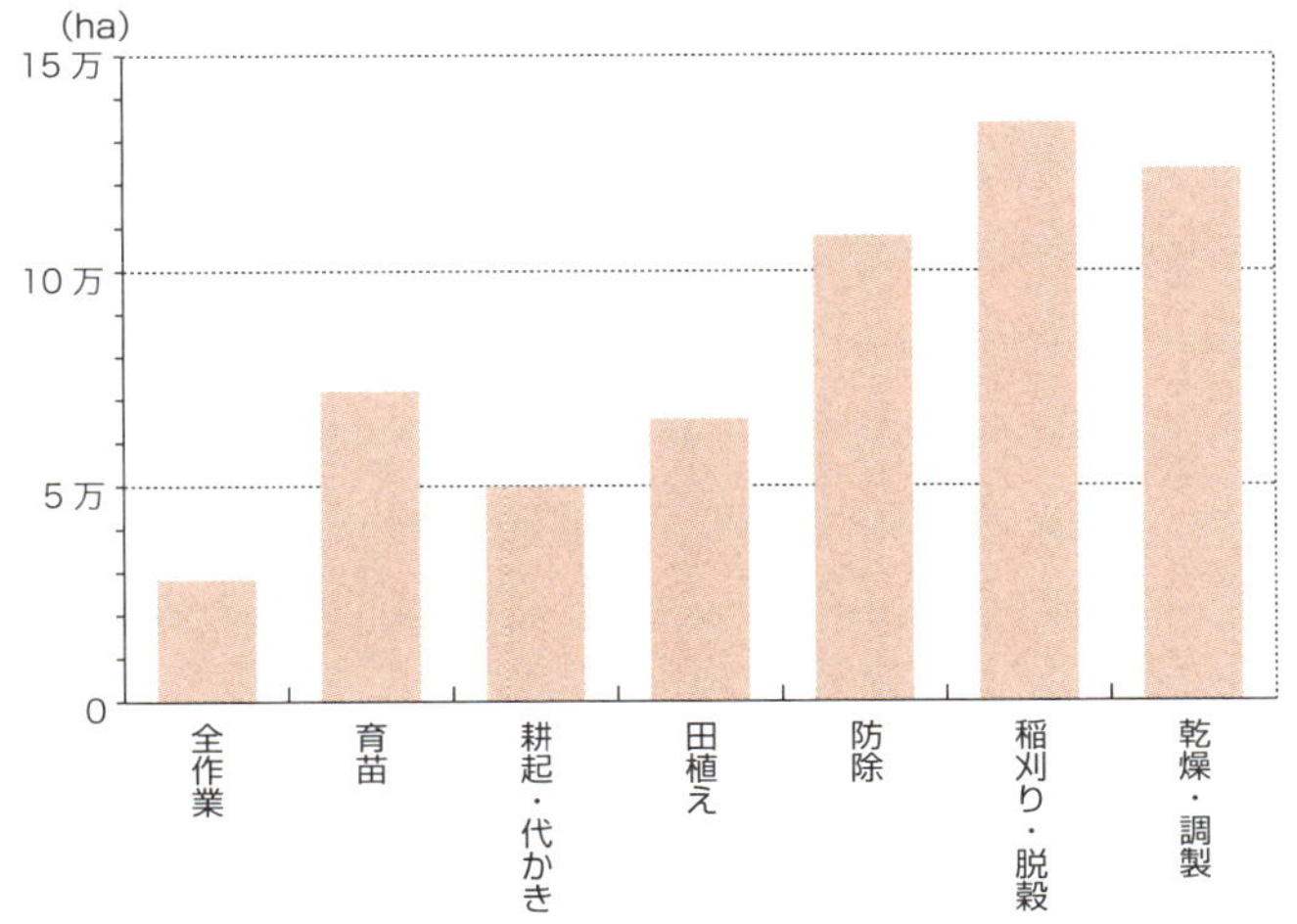

資料：農林水産省「2015年世界農林業センサス」をもとに作成

用語

中山間地域
→40ページ

5 米を政府が統制する時代の始まり

米騒動をきっかけに米が統制の対象に

現在の日本の農家は、米の出荷先を自ら選ぶことができます。消費者も、自分が食べたい米を、米屋やスーパー、インターネット通販など、多様なルートから購入できます。しかし、さまざまなルートで米が流通するようになったのはじつは最近のことで、それまでは長く政府による管理が続いていました。

米の流通を歴史的に振り返ってみましょう。明治から大正にかけての日本では、米は自由に売買されていました。価格も、市場での需要と供給により決まりました。ところがこれが理由で、1918年に日本をゆるがす大事件が起こりました。米騒動です。

この事件は、日本がロシア革命に干渉するため、シベリアへ出兵を計画したことに端を発します。各地では出兵を見越した米の買い占めが起こり、価格が急騰しました。そして、富山県の漁家主婦らによる米の安売り要求がきっかけとなり、全国で暴動が発生。最終的に、軍隊を出動させて鎮圧する事態となり、当時の寺内正毅内閣は責任をとって総辞職しました。この事件をきっかけに、米は政府による統制の対象となっていきます。

食糧管理制度ですべての米を政府が管理

明治時代には順調に伸びていた米の反収は、大正時代に入ると、300kg前後から伸び悩むようになります。その一方、植民地からは大量の**移入米**が流入するようになり、ピーク時の31～35年には、国産米の2割前後の量にまで達しました。ところが39年には、朝鮮半島で大凶作が発生し、日本国内の凶作も重なり、各地で売り惜しみが起こりました。そこで政府は、米を安定的に供給するために、統制を強

用語

移入米
↓79ページ

めていきます。39年には、米の価格を政府が決める公定とし、40年には米の個人取引を禁止しました。そして、農家は、ＪＡの前身である**産業組合**を通して米を出荷するようになりました。

　太平洋戦争開戦の翌年には、戦時経済統制の一環として成立した、**食糧管理法**にもとづいた食糧管理制度により、原則としてすべての米は、政府の管理下に置かれました。農家は、自分たちの作った米を政府に供出することになり、国民は、割り当てられた量だけの米が配給されました。戦争末期の45年には、大人1人当たりの1日の配給量は2合1勺《しゃく》となり、戦争前の3分の2ほどの量しか食べることができませんでした。さらに、遅配や欠配も相次ぎ、国民はひもじい生活を強いられました。

　ちなみに、配給制度の下では、配給米を購入するさいには、**米穀通帳**が必要でした。米穀通帳は、身分証明書としても認められており、当時の米の統制がいかに厳しいものだったかがうかがわれます。

戦前からの反収（10a当たりの収穫量）の推移

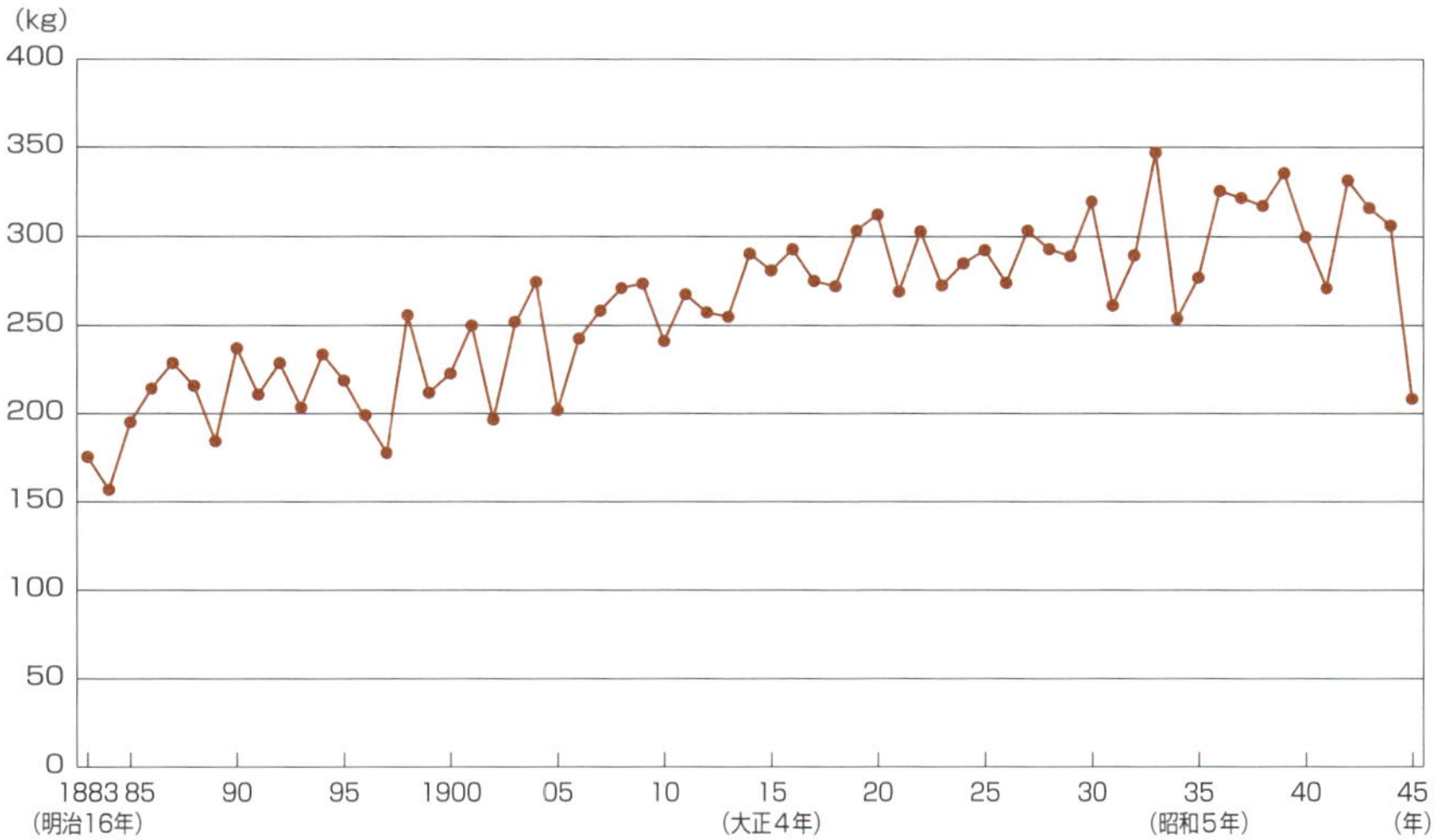

資料：農林水産省「作物統計調査」をもとに作成（戦後の反収の推移は117ページ上図を参照）

用語

産業組合
戦前の日本の農村における協同組合。1900年に産業組合法にもとづき組織され、信用・販売・購買・生産など戦時中は農業会に統合された。敗戦により農業会は解散させられ新たに農業協同組合が設立された。

食糧管理法
1942年施行。国が米を全量管理し、厳格に流通を規制した。生産者は政府に売り渡す義務があり、買入価格も政府が決定した。

米穀通帳
配給米を購入するのに必要な通帳。1941年の米穀配給制度の実施とともに設けられ、翌年食糧管理法で規定された。1982年、同法改正に伴い廃止。

6 戦後の米流通の変遷

戦後も残った食糧管理法

戦争が終わっても、食料事情がすぐに改善したわけではありませんでした。１９４６年に皇居前で行われた**食糧メーデー**のスローガンは「飯米獲得」でした。食料難が続くなか、食糧管理制度による米の強制出荷と配給制度も継続されます。

しかし、多くの人々は、配給の米だけでは生活していけませんでした。そこで、農家に直接買い出しに行ったり、密かに流通する高価な米を購入したりせざるを得ませんでした。こうした米は**ヤミ米**とよばれ、政府による取り締まりの対象となりました。

食糧管理制度下では、米は１１１ページの上図のように流通しました。まず、農家の作った米は、１次集荷業者であるＪＡ（農協）などに集められ、そこから都道府県単位で存在する2次集荷業者の**経済連**などによって取りまとめられた後、全国集荷団体である**全農**などを通じて政府に売り渡されていました。そして、政府に集められた米は、卸売業者を経由して小売業者である米穀店の店頭に並び、消費者のもとに届けられていたのです。また、それぞれの段階の米の値段は、政府によって決められていました。

自主流通米によるブランド米の誕生

50年代の後半になると、米の生産量は増え、食料事情も改善していきます。消費者は米に対し、次第に「量」から「質」を求めるようになりました。また、米の生産量が増えるにしたがい、全量を買い上げることによる政府の財政的負担も大きくなっていきました。その結果、政府は徐々に米政策を変えていくことになります。

69年には、政府が買い上げずに、政府の許可を受

用語

食糧メーデー
メーデーは、毎年5月1日に国際的に行われている労働者の祭典。食糧メーデーは、１９４６年の5月19日に「飯米獲得人民大会」として開かれ、約25万人が参加したといわれる。

ヤミ米
食糧管理法に違反する米のことで、自由米ともいう。農家から直接、消費者や小売業者に売られる場合や、流通途中で正規のルートを外れる場合などが該当する。終戦直後の１９４５年10月には、ヤミ米の価格は公定価格の１３２倍にもなっていた。

経済連
正式名称は経済農業協

米の流通ルート

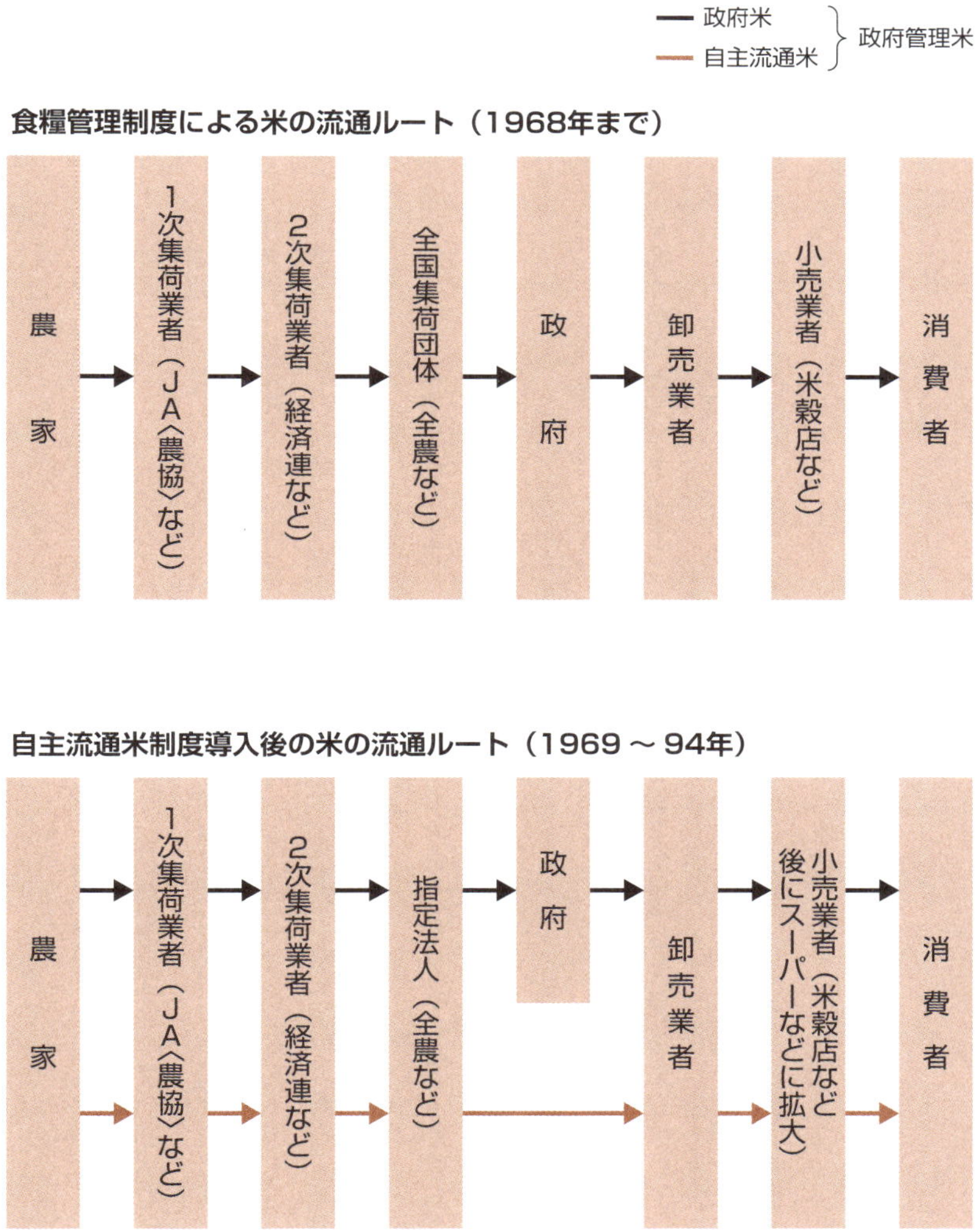

資料：岸 康彦『食と農の戦後史』（日本経済新聞社　1996年）をもとに作成

同組合連合会。農畜産物の集出荷や生産資材、生活資材の販売などを行う。全農や県単一農協との統合が進み、2019年7月時点で8組織ある。

全農
正式名称は全国農業協同組合連合会。農畜産物の集出荷や生産資材、生活資材の販売などを全国単位で行う。

けた卸売業者が、集荷業者から直接米を購入することが認められるようになりました（111ページ下図）。これが自主流通米で、この後、政府による買い上げ量は減少していきます。

ちなみに、当時は複数の産地のさまざまな品質の米を混ぜ合わせたブレンド米が一般的でした。自主流通米の登場によって、消費者は特定の産地、特定の品種の米を食べられるようになりました。いわゆる「ブランド米」が登場したのは、自主流通米が認められるようになってからのことです。

米余りと食糧管理制度のほころび

生産量が増え、米が余り始めたことで、1971年には、米の作付けを制限する**生産調整**、すなわち減反政策が本格的に始まります。これ以降、米の流通は、規制緩和の方向に向かっていきます。

72年には、国によって決められていた店頭での米の販売価格が自由化され、81年には、米の配給制度が廃止されました。配給制度は、すでに実態としては機能していませんでしたが、制度としては残っていたのです。配給制度下で米を売ることができたのは、政府から許可を受けた米穀店のみで、消費者は決められた店で米を買うことになっていました。

食糧管理制度では、生産者が消費者に直接米を売ることは禁止されていました。そこで87年、「特別栽培米制度」が導入されます。これは、減農薬など特別栽培した米に限り、農家が直接販売することを認めるというものでしたが、手続きが煩雑だったため、流通量全体の1％程度にすぎませんでした。

90年代になると、自主流通米や、違法とされた「ヤミ米」の割合が増え、政府を通して流通する米は、全体の3割程度にまで縮小しました。

こうして、戦前から行われてきた政府による米の管理制度と、生産者、消費者、流通業者などの実態とは、次第に乖離《かいり》したものになっていったのです。そこで、95年に**食糧法**が施行され、米流通は新たな局面を迎えることになります。

用語

生産調整
農産物の作付け面積を減らすこと。出荷量が増えることによる、供給過多や価格低下を防ぐ目的で行われる。日本の米の場合は、1971年から本格的に始まった。詳しくは118ページ。

食糧法
→124ページ

7 農地改革と自作農の創設

戦前の農村と地主制度

戦前・戦中の日本の農村には、大きな面積の農地を所有する地主が、農地を持たない小作農家に農地を貸し出し、小作料を受け取る**地主制**という仕組みがありました。

貸し出された農地は小作地とよばれ、一般的に収穫物の約半分が小作料とされました。当時は、農地全体の約半分が小作地で、農家の26・5％が小作農家でした。自らの農地を持ちながら小作地も耕していた自小作農家と合わせると、約7割の農家が地主に小作料を納めていたことになります。

このように、戦前の農村は農地を介した封建的な社会が形成され、農地の所有面積や耕作面積の広さにより、貧富の格差も拡大していました。

戦後民主化政策としての農地改革

そこで、戦争が終わるとすぐに、地主制を解体し、自作農家を創設する取り組みが始まりました。これが、**農地改革**です。

地主のなかには、農地のある市町村に住む在村地主と、離れたところに住んでいる不在地主がいました。1947年から50年までに実施された農地改革では、不在地主についてはいっさいの小作地保有を認めませんでした。また、在村地主の小作地保有については、北海道では4町歩（約4ha）、それ以外の地域では1町歩（約1ha）までしか認めませんでした。そして、小作地の約80％が政府によって強制的に買い上げられ、小作農家に安く売り渡されたのです。

この結果、農地の約9割が自作地となり、戦前は

用語

地主制
日本では江戸時代以降にみられ、単なる農地の貸借関係だけでなく、身分制度的な支配的な主従関係がともなった。戦前には1500ha（東京ドーム約320個分）を超える農地を所有する大地主もいた。

農地改革
1945年にも政府により農地改革が計画されたが、GHQ（連合国総司令部）より内容が不十分だと非難され実施できなかった。

3割だった自作農が6割まで増えました。小作料についても、物納から金納に改められました。また、ふたたび地主制が復活することを防ぐため、**農地法**が制定され、農地の売買が厳しく制限されました。

農地改革がもたらしたもの

農地改革によって、農家は自分の土地を持つことができるようになり、小作時代と比べ、生産意欲が高まりました。収穫した農作物は、小作料として納める必要はなく、すべて自分の収入とすることができるようになったからです。

当時の日本にとって、食料増産は最重要課題でした。自作農創設による農家の生産意欲の向上は、食料問題の解決におおいに貢献しました。

農地改革は、多くの自作農を創設しましたが、新たに誕生した自作農の経営規模は大きくはありませんでした。当時の農家の平均的耕地面積は0・8haほど。現在の日本に比較的小規模な農家が多い理由の一つは戦後の農地改革にあったのです。

農地改革による成果

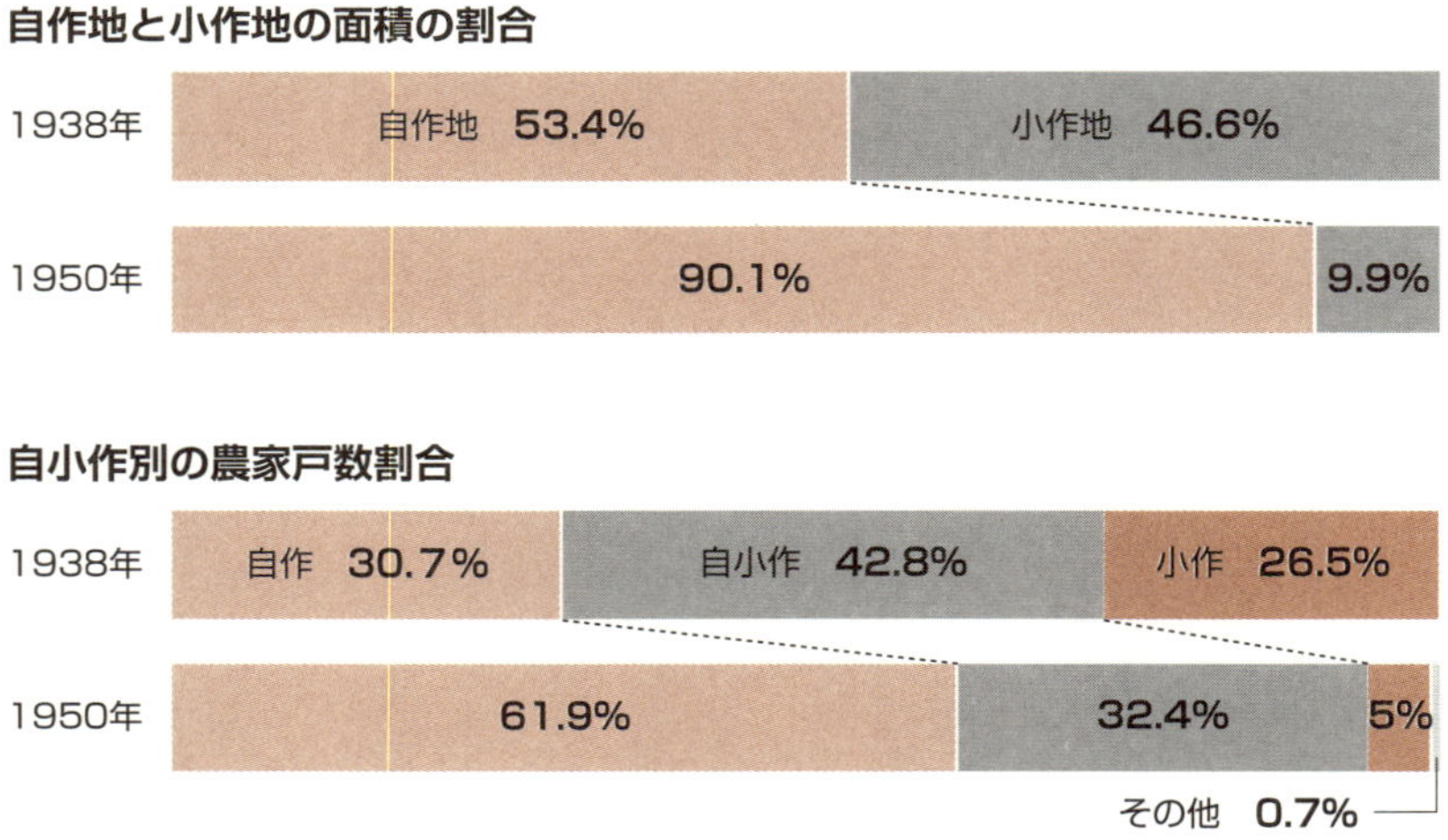

資料：浜島書店編『新説日本史』（浜島書店　2003年）をもとに作成

用語

農地法
耕作者主義の理念にもとづき、農地の転用や権利移動の制限、小作地の所有制限、賃貸借の規定などを定める。

8 飛躍する米の生産と伸び悩む消費

米の増産を支えた品種改良と肥料、農薬

戦後、日本が最優先して取り組んだのは、戦争による焼け跡からの復興と、食料の増産でした。当時、配給物資だけでは1日に1100kcal程度しかまかなえなかったともいわれており、配給の食料のみで暮らそうとして、餓死した裁判官がいたほどでした。

それでも、1948年頃から食料事情は徐々に改善されていきます。かつては多くの食品が統制の対象でしたが、51年時点では、米と麦だけになっていました。

農村では、米の増産につながる、さまざまな技術革新が起こりました。

まず、新品種の育成です。とくに、青森県で誕生した**『藤坂5号』**という稲は、耐冷性を持つ多収品種で、寒冷地での増産に大きく貢献しました。

化学肥料の普及も進みました。戦後、政府は復興に必要な物資を重点的に生産する、**傾斜生産方式**という経済政策をとりました。工業で欠かせない鉄や石炭とともに、農業に必須の肥料も増産の対象となり、**窒素**肥料である「硫安《りゅうあん》」は、50年には輸出されるほどになりました。

農薬の使用も大きな効果をもたらしました。占領軍がシラミ対策など防疫目的で持ち込んだ殺虫剤の**DDT**は、稲作でも多くの害虫に劇的な効果を示し、「夢の殺虫剤」といわれました。50年には、**有機水銀剤**が稲の大敵である**いもち病**に有効なことがわかりました。51年からは、合成植物ホルモンを使った除草剤が普及し始めます。除草剤は、田の中で腰を曲げねばならず大きな負担となっていた草取りから、農家を解放しました。

用語

藤坂5号
青森県農業試験場藤坂支場で育種された稲の耐冷性品種。1949年に青森県の奨励品種となり、食料増産に貢献した。

傾斜生産方式
1946～49年まで戦後の経済復興のために行われた産業政策。復興に必要な石炭や鉄、肥料などの供給を増やすため、これらの部門に、資金、人材、資材が重点的に投入された。

窒素
→42ページ

DDT
有機塩素系の殺虫剤で、終戦直後にアメリカ軍によって持ち込まれた。農薬としてだけでなく、シラミ駆除などにも使われた。後に人体や環

これらの農薬は、後に健康や環境に有害であることがわかり使用が禁止されますが、当時は食料増産のために欠かせないものでした。

こうして、大量の化学肥料と農薬を使い、米の多収をめざすという戦後の稲作のスタイルが確立します。そして、**農地改革**によって自らの土地を持ち、意欲的になった農家の手により、米の増産が進められていったのです。

増える収穫量、落ちる消費量

１９５５年には、米が大豊作となりました。それまで政府は、農家が作った米を、供出というかたちで無制限にすべて買い取っていました。

米の生産量が増えてきたことで、政府は過剰な買い取りを避けるため、事前売渡申込み制を導入します。これは、生産者が事前に売り渡す米の量を決め、それにもとづき作付けをするというものでした。

この頃から、農家の所得が、都市労働者の所得を下回るようになります。そこで農家は、政府による買取価格（生産者米価）の値上げを求めます。その結果、買取価格は、それまでの物価に合わせた計算方法から、農家の労働に対する報酬を加味した「**生産費・所得補償方式**」に変更されました。

米の生産量は順調に伸びていき、67年には史上最高となる１４２５万ｔが収穫されます。２０１８年は７７８万ｔでしたから、その量がいかに多かったかがよくわかります。外国産米の輸入もほとんどなくなり、米の自給体制が完成したのです。

しかしこのときすでに米の消費は減少傾向にありました。年間の１人当たりの消費量は１９６２年の１１８・３kg、国全体での総消費量は63年の１３４１万ｔをピークに減り始めます。その原因は、食生活の欧風化・多様化や、人口減少、高齢化などさまざまな要因が組み合わさっているといわれています。

こうして、戦後の食料難の時代には考えられなかった「米余りの時代」がやってきたのです。ちなみに、２０１８年の１人当たりの消費量は53・１kgでした。ピーク時の半分近くまで減っていることになります。

境への影響が明らかになり、現在は使用が禁止されている。

有機水銀剤　水銀を含む有機化合物を成分とする薬剤。かつては広く使われていたが、後に人体や環境への影響が明らかになり、現在の日本では使用が禁止されている。

いもち病　➡28ページ

農地改革　➡１１３ページ

生産費・所得補償方式　米を生産するのにかかった費用に加え、農家の労働に対する報酬を、製造業での賃金基準をもとに計算して、生産者米価を算出する方式。ただし、実際にはさまざまな条件を変えることで、算出される米価を調整することができる「柔軟性」を持っていた。当時は、毎年秋になると、農家らが米価値上げを求める「米価闘争」を繰り広げて

戦後の反収（10a当たりの収穫量）の推移

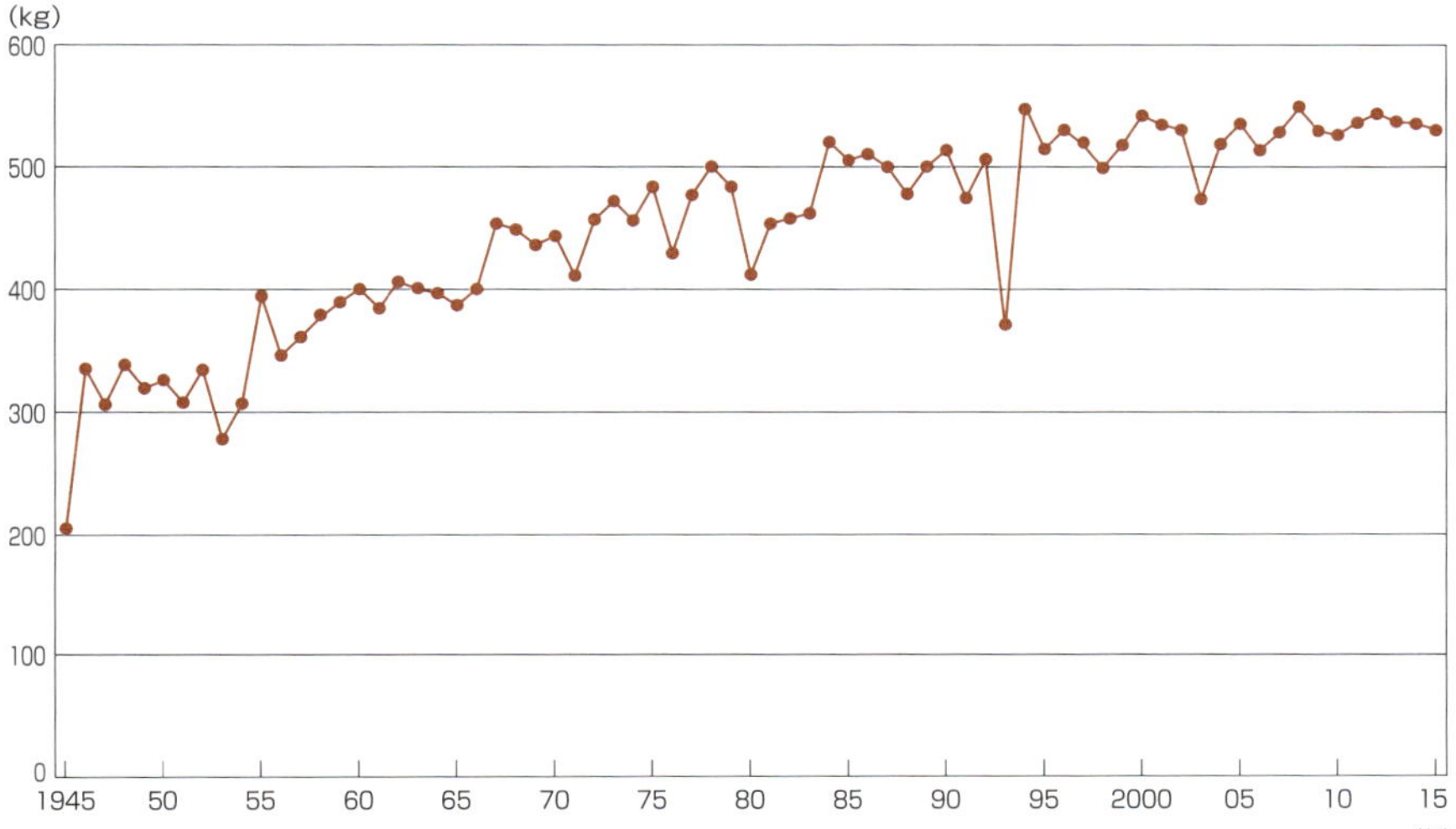

資料：農林水産省「作物統計調査」をもとに作成（戦前の反収の推移は109ページ下図を参照）

米の生産量・総需要量・政府備蓄米量の推移

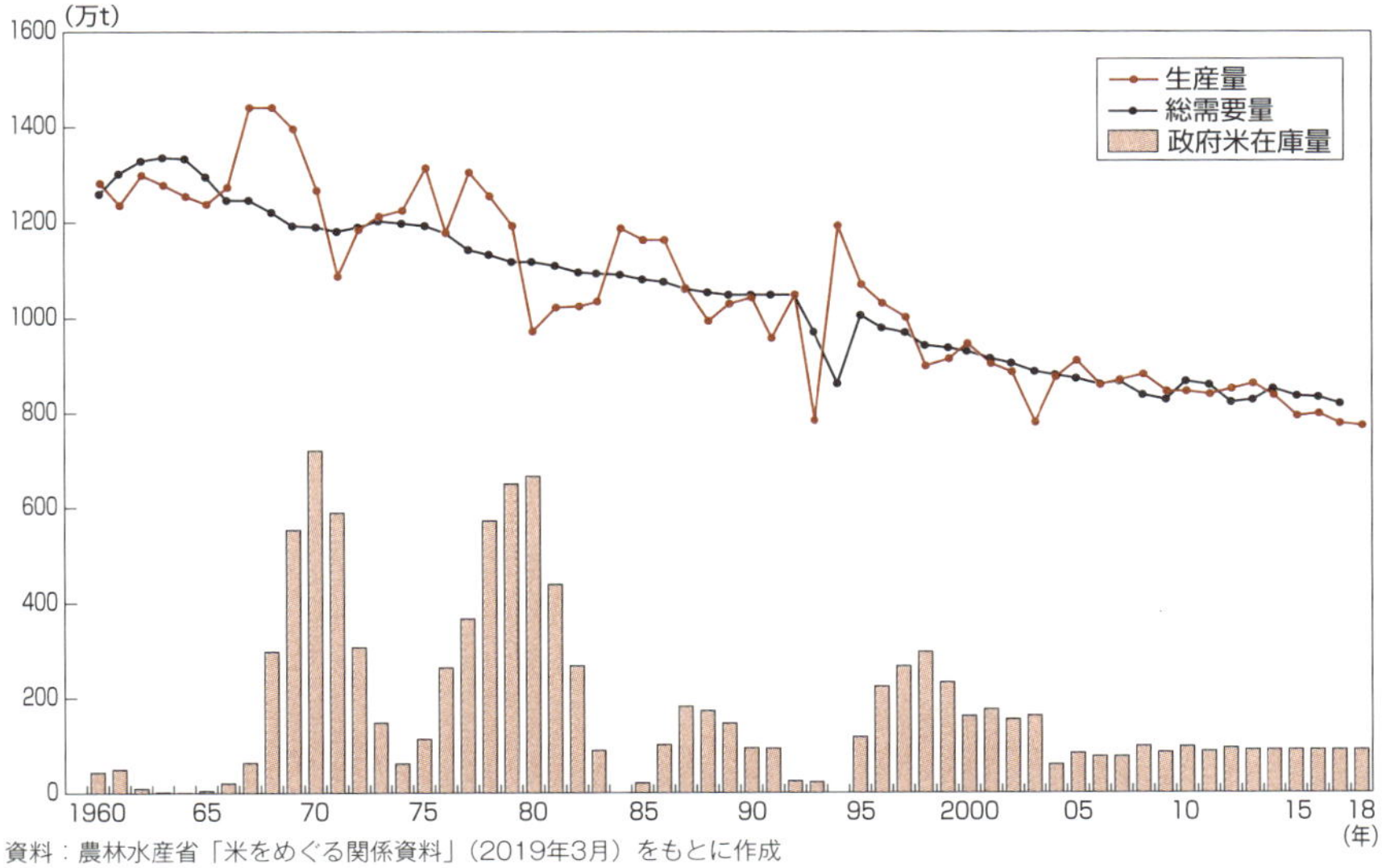

資料：農林水産省「米をめぐる関係資料」（2019年3月）をもとに作成

おり、それに応えるために米価が引き上げられたため、「政治米価」という言葉も使われた。

9 生産調整の始まり

食糧管理制度を守るために始まった減反

米が余るようになると、政府の備蓄倉庫には大量の古米がためこまれるようになり、1970年には720万tに達しました（117ページ下図）。これは、当時の年間収穫量の半分近くに相当しました。保管には、膨大なコストもかかり、食糧管理制度に関わる赤字を大きくしていきました。

また、この頃になると、政府が農家から買い取る生産者米価が、卸売業者に売却するさいの消費者米価を上回る「逆ザヤ」とよばれる状況が拡大していきました。高く買って安く売るわけですから、その差額も政府の負担となり、マスコミなどから批判を集めることになります。

赤字を減らすため、政府は大きく2つの政策を進めました。1つは、それまでの政府による米の全量買い取りをやめ、政府を経由しないで民間の事業者のあいだで米を流通させる「自主流通米」でした（110ページ）。もう1つは、米の生産そのものを減らそうという**生産調整**、つまり減反でした。

生産調整が本格的に始まったのは71年のことです。国が都道府県に対し減反面積を割り当て、さらにそれを市町村が農家に割り振るという方法で実施され、全国の農家が一律に対象となりました。そして、米を作らなかった田んぼには、10a当たり3万5000円の減反奨励金が支払われました。これまで増産をめざしてきた農家にとって、米を作るなという政策は、まさに寝耳に水の出来事でした。

拡大していった減反面積

当初、多くの農家は減反をあくまで「緊急避難的な措置」で、食糧管理制度を守るために必要なもの

用語

生産調整
→112ページ

と考えていました。しかし、一時的だと思っていた減反が恒常化するようになると、農家は次第に農政への不信を強めていきました。

生産調整では、米を作らない休耕のほか、他の作物を作る転作も実施されました。とくに78年からは麦・大豆への転作が後押しされ、国産大豆の大部分は、水田転作によるものとなりました。

水はけが悪く、米以外の作物を作るのが難しい田んぼもありました。そこで生産調整の開始直後から、家畜の餌となる飼料用米の栽培も進められましたが、需要は伸びませんでした。しかし、食料自給率の観点からも飼料の自給には大きな意義があり、近年、ふたたび脚光を浴びています（178ページ）。

生産調整を行う面積は、71年以降、増加傾向にあります。当初は作付けをしない面積を割り振っていましたが、2004年からは生産数量目標を割り振る方法に変わりました。しかし、生産数量目標の配分も17年産を最後に廃止され、18年産から農業者・農業団体による主体的な生産調整に移行されました。

米の栽培面積と生産調整面積

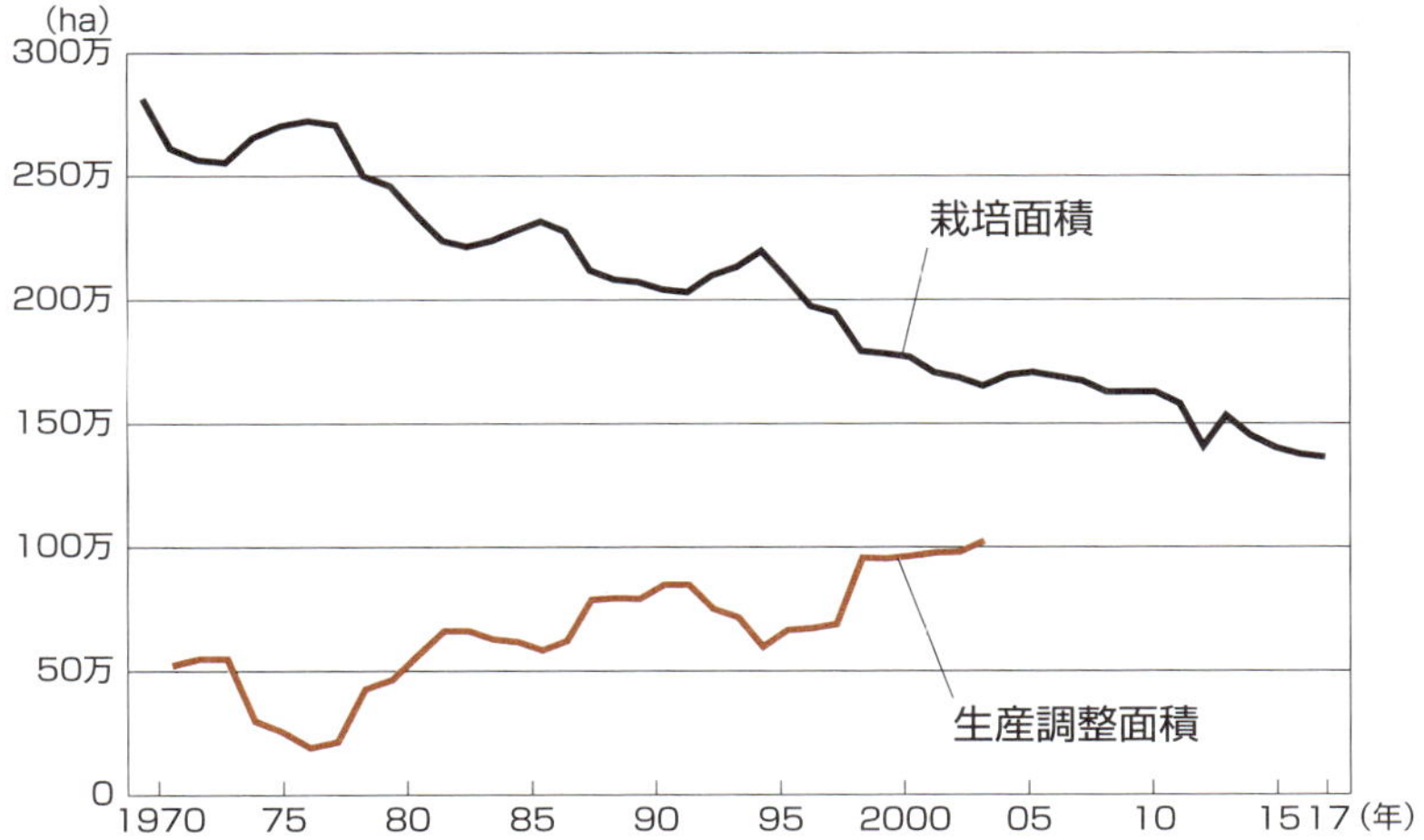

注：2004年から、作付け面積による生産調整から生産数量による生産調整に変更された。

資料：農林水産省「作物統計調査」、国立国会図書館「レファレンス」（2010年10月号）をもとに作成

10 農家所得の向上をめざした農業基本法

都市と農村の所得格差を是正するために

1961年、農業基本法が成立しました。前年の60年には、池田勇人《はやと》内閣によって国民所得倍増計画が打ち出され、日本は高度経済成長の坂道をかけのぼっていました。経済成長の恩恵を受ける他産業では所得が伸びる一方、農家所得は伸び悩みます。農業基本法は、農業の近代化と合理化を図り、農家と他産業従事者との所得格差の是正をめざすものでした。それまでの食べるための農業、自給的な農業から、もうけるための農業へと舵が切られたのです。

大きな柱とされたのが、「選択的拡大」と「構造改革」でした。選択的拡大とは、畜産物や果樹などこれから需要が伸びるものを選んで重点的に生産を増やすというもので、当時は「畜産3倍、果樹2倍」というキャッチフレーズが使われていました。それまでの農業は、米の増産が最大の目標でしたから、大きな転換であったことがうかがえます。

構造改革は、零細経営からの脱却をめざすものでした。**農地改革**で、日本にはたくさんの小規模な自作農家が誕生しました。そこで、農家の経営規模を大きくし、農家の所得を向上させようとしたのです。

高度経済成長と三ちゃん農業

60年に所得倍増計画を発表する3か月ほど前に、池田首相は「10年以内に農林漁業就業人口を3分の1程度に減らす」という発言をしています。これは高度経済成長に必要な労働力は農村から供給されるということを意味していました。

じつは、すでに50年代から、農村から都市への大規模な人口流出が始まっていました。54年には東京で集団就職が始まり、57年には地方から都市部へ集

用語

農地改革
↓113ページ

団就職列車が運転されるようになりました。就職者の多くは「金の卵」とよばれた中学卒業生でした。働き盛りの男性たちも、稲の収穫を終えた秋から冬にかけて、都市部へ出稼ぎに行くようになりました。

71年には、農村地域工業等導入促進法が制定され、農村への工場の進出と、農業従事者の工場への就業が進められました。兼業農家の割合が増え始めるのはこの頃からです。さらに主要な働き手である男性が都市部に出て、それ以外の家族によって行われる**三ちゃん農業**も増えていきました。

これらの農業形態を可能にしたのは、機械化でした。とくに稲作の場合は、代かきから田植え、収穫のすべてで機械化が進み、10a当たりの労働時間は51年の2分の1程度まで減っていました。そのため、稲作農家では農業以外からの収入の多い第2種兼業農家の割合が高くなっていったのです。

一方で、農機具が高額であったため、機械化貧乏という言葉も生まれました。機械を買うために出稼ぎに行く、そんな話も珍しくなかったのです。

三大都市圏と地方圏の人口移動の推移

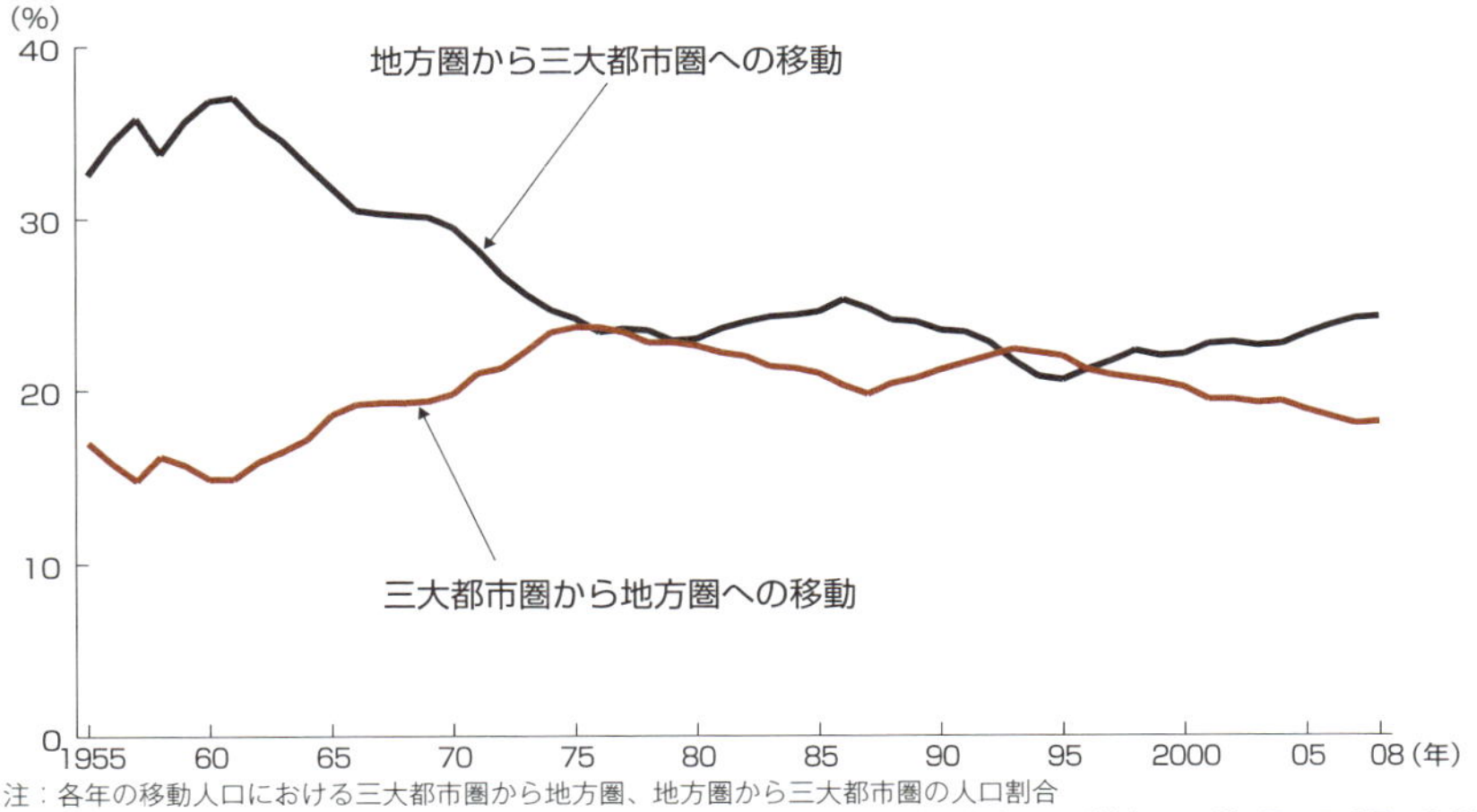

注：各年の移動人口における三大都市圏から地方圏、地方圏から三大都市圏の人口割合
三大都市圏は、東京圏（埼玉県、千葉県、東京都、神奈川県の1都3県）、名古屋圏（岐阜県、愛知県、三重県の3県）、大阪圏（京都府、大阪府、兵庫県、奈良県の2府2県）であり、地方圏とはこれらを除く道県

資料：農林水産省「食料・農業・農村白書」（2009年度）をもとに作成

用語

三ちゃん農業
父親が出稼ぎなどで不在となり、じいちゃん・ばあちゃん・かあちゃんの「三ちゃん」が担い手となった農業形態のこと。

11 自由貿易が進み、米の部分開放がスタート

戦争の反省から自由貿易を

第2次世界大戦の原因の一つは、各国が閉鎖的な経済体制（**ブロック経済**）をつくったことでした。その反省から、戦後は自由貿易を促進するための協定として**GATT**《ガット》（関税及び貿易に関する一般協定）が発足し、日本は1955年に加盟しました。

その後の日本は工業製品を中心とする輸出を伸ばしていきますが、当時はまだ、国内産業保護のための輸入制限が認められていました。

アメリカからの圧力と農産物の輸入自由化

日本の輸出が増えるにしたがい、アメリカは日本の輸入制限を撤廃するよう求めるようになります。そこで日本は、大豆や生鮮野菜、グレープフルーツなどの輸入制限を全廃（自由化）し、66年に73品目あった農産物の輸入制限品目は、74年には22品目まで減少しました。

78年には、長年にわたって輸入制限をしていた牛肉、オレンジの輸入枠の拡大も決めました。この2品目は、13年後の91年に自由化されています。

アメリカは、80年代になっても日本への要求を続けます。アメリカ国内では、日本人の主食である米も自由化すべきという声も出てきました。そのような状況の下、86年から**ウルグアイ・ラウンド**と呼ばれるGATTの会議が始まったのです。

ウルグアイ・ラウンドの争点は、農産物でした。アメリカは輸入制限などの保護措置をすべて関税に置き換え、さらに段階的に引き下げるという提案をしました。

これは、日本が輸入を認めていない米も含めて、すべての品目に関税を設定し、それを段階的に引き

用語

ブロック経済
同盟国どうしや本国と植民地のあいだでつくられた経済圏。ブロック内の国々は経済的利益を守るため結びつきを強める一方、ブロック外の国に対しては高い関税をかけるなどする閉鎖的な経済体制。

GATT
関税及び貿易に関する一般協定。関税や輸出入制限などの貿易の障害を取り除き、自由で無差別な貿易を促進することを目的とする国際協定。1948年に発効、日本は55年加盟。ケネディ・ラウンド、東京ラウンドなど8回の大規模な交渉を行い、加盟国間の関税率は大幅に引き下げられた。95年にWTO（世界貿易機関）に発展的解消。

下げていくことにしようというものでした。

平成の大冷害と米の部分開放

93年、日本列島は記録的な冷夏に襲われ、米の作況指数が74という大凶作となりました。とくに北日本が深刻で、青森県の作況指数は28、岩手県は30となり、収穫ゼロという水田もありました。

「平成の米騒動」といわれる米不足となり、スーパーの店頭には開店前から行列ができました。そして200万tを超える米の緊急輸入が必要になるなか、ウルグアイ・ラウンド交渉は大詰めを迎えたのです。

交渉のすえ、当時の細川護熙《もりひろ》内閣は、米の輸入を制限つきで認めます。

ここで輸入が認められた米は、ミニマムアクセス米（MA米）とよばれました。日本は、国内の米市場を海外に対し部分的に開放したのです。そして初年度となる95年には42万6000tの米が輸入され、以後輸入枠を拡大していくことになります（152ページ）。

ウルグアイ・ラウンド合意までの農産物貿易自由化の過程

	主な出来事	主な輸入数量制限撤廃品目
1955年	GATT加盟	
60	121品目輸入自由化	ライ麦、コーヒー豆、ココア豆
61	貿易為替自由化の基本方針決定	大豆、ショウガ
62		タマネギ、鶏卵、鶏肉、ニンニク
63	GATT11条国へ移行（原則として輸出入数量制限の禁止）	バナナ、粗糖、棉実油
64		レモン
66		ココア粉
67	ケネディ・ラウンド決着（64年～）	
70		豚の脂身、マーガリン、レモン果汁
71		ブドウ、リンゴ、グレープフルーツ、豚肉、紅茶、ナタネ
72		配合飼料、ハム、ベーコン、精製糖
74		麦芽
78	日米農産物交渉（牛肉・かんきつ）	ハム・ベーコン缶詰
79	東京ラウンド決着（73年～）	
84	日米農産物交渉（牛肉・かんきつ）	豚肉調製品（一部）
85		グレープフルーツ果汁
86	ウルグアイ・ラウンド開始	ひよこ豆
88	日米農産物交渉合意（牛肉・かんきつ、プロセスチーズなど）	
89		プロセスチーズ、トマトケチャップ・ソース、トマトジュース、牛肉・豚肉調製品
90		フルーツピューレ・ペースト、パイナップル缶詰、非かんきつ果汁
91		牛肉、オレンジ
92		オレンジ果汁
93	ウルグアイ・ラウンド決着（86年～）	
95	ウルグアイ・ラウンド合意実施	小麦、大麦、乳製品（バター、脱脂粉乳など）、でん粉、雑豆、落花生、コンニャクイモ
99		米

資料：農林中金総合研究所『農林金融』（2012年12月号）をもとに作成

用語

ウルグアイ・ラウンド　1986年からウルグアイで行われたGATTの大規模な交渉。124か国が参加した。特許権など知的所有権の取り扱い、金融や情報通信などのサービス貿易の自由化、農産物の例外なき関税化などについて交渉が行われ、難航をきわめたすえ、94年に合意に至った。

平成の米騒動　1993（平成5）年、日本は記録的な冷夏に見舞われた。この冷害により米の作況指数は74となり、米不足と価格の高騰を引き起こした。人々は争うように米を買い求め、店頭からは米が姿を消した。そのため政府は外国産米を緊急輸入し、国産と外国産を混ぜたブレンド米も売られた。

12 食糧法の成立と米流通の大きな変化

食糧管理法から食糧法へ

1993年の**平成の米騒動**では、大量の**ヤミ米**が流通しました。しかし、それ以前から相当な量のヤミ米が流通していたといわれ、90年代には、正規のルートで流通する米の3分の1から半分に相当する250万～300万tが出回っていたとされています。米の流通を統制していた**食糧管理法**は、もはやザル法と化していました。さらに**GATTウルグアイ・ラウンド**交渉による米の部分開放にともない、国内法を変更する必要性も出てきました。そこで95年、食糧管理法が廃止され、新たに**食糧法**が施行されました。半世紀以上続いた食糧管理制度は、ついに終わりを告げたのです。そして、食糧管理法から食糧法への変化は、戦後農政最大の規制緩和ともいわれます。

まず、米の流通において、政府の関与が大幅に縮小されました。食糧管理法では、建前のうえではすべての米を政府が管理していましたが、食糧法では、政府が管理する米は、非常時に備えた**備蓄米**（150万t程度）や海外から輸入したMA米に限定され、全量管理から、部分管理に変わったのです。

農家は、さまざまな出荷先を選ぶことができるようになりました。食糧管理法では、農家は原則としてJA（農協）に出荷するよう決められていました。しかし食糧法により、農家は直接、卸や小売り、消費者に米を販売できるようになりました。それまで違法とされていたヤミ米が合法となったのです。さらに、**生産調整**への参加が選択性になりました。ただし、選択性になったとはいえ、現場では依然として強い強制力を持っていました。

流通分野も大幅に規制が緩和されました。食糧管理法では、米の販売業者（卸、小売り）は許可制で

用語

平成の米騒動
→123ページ

ヤミ米
→110ページ。

食糧管理法
→109ページ。

GATT
→122ページ。

ウルグアイ・ラウンド
→122ページ

食糧法
正式名称は主要食糧の需要及び価格の安定に関する法律。1995年施行。米については、国の役割を、備蓄運営に限定し、厳しい流通規制を緩和した。民間流通を基本とし、多様な米流通ルートを認めた。

したが、食糧法では登録制となり、少しの要件さえ満たせば誰でも米を販売できるようになりました。

小売業者が価格決定権をにぎる

食糧法により、農家だけでなく、これまでは農家から米を集める1次集荷業者であったJAや、JAから米を集めていた2次集荷業者の**経済連**も、それぞれ独自に米を販売できるようになりました。流通経路が多様になったことで、出荷者側の競争は激化しました。

逆に、卸や小売りからみると、仕入れルートが多様化しました。そして、大手量販店や外食産業の影響力が強くなってくると、価格決定の主導権は、次第に卸や小売業者が握るようになります。米価の下落が進み、農家は厳しい経営を迫られるようになりました。もともと乏しい米を国民全員で分け合って食べるための安定と公平が重視された食糧管理法から、食糧法への変化は、公平・安定から自由・競争への変化でもあったのです。

現在の米の流通ルート（2019年）

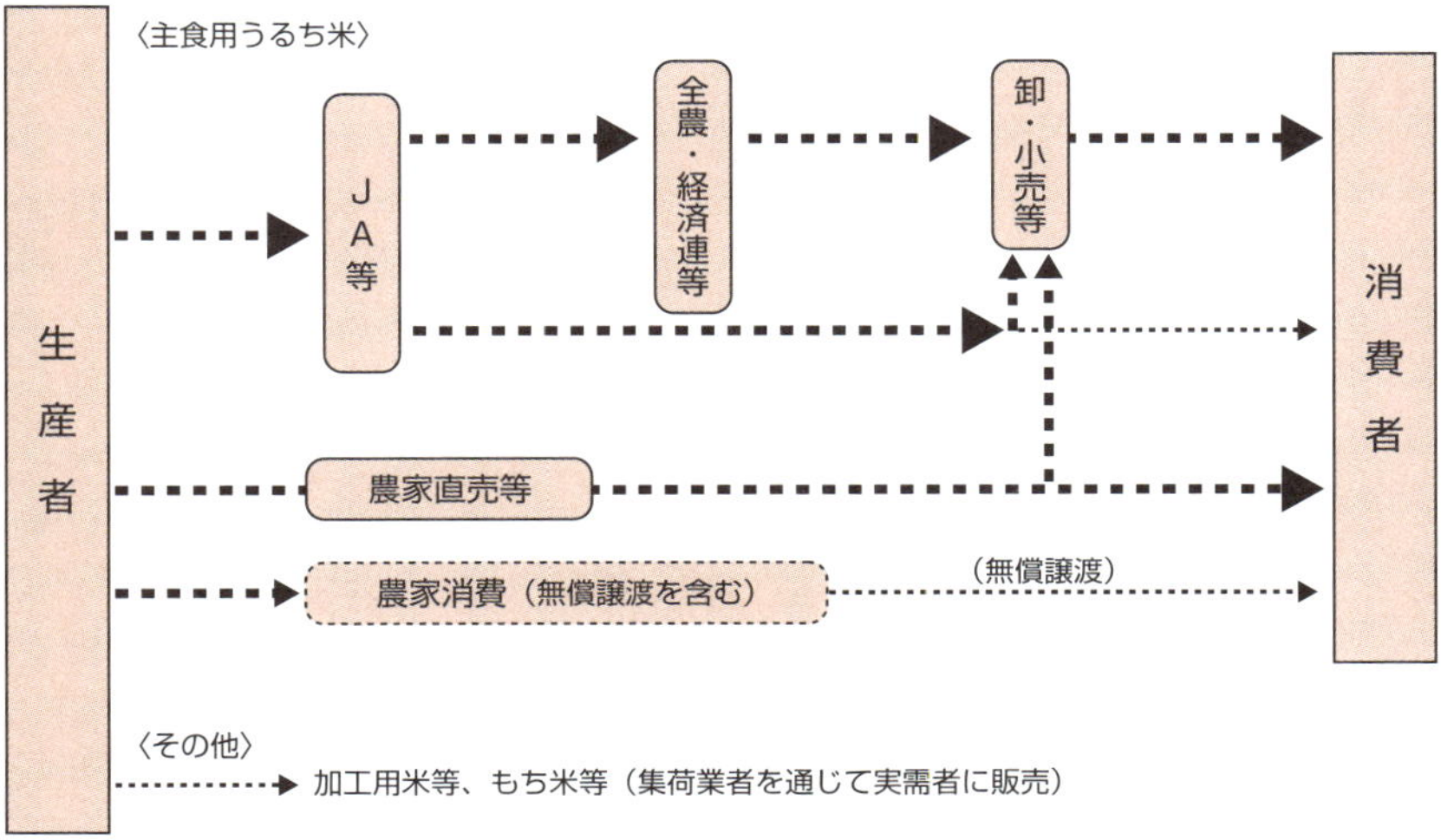

資料：農林水産省「米をめぐる関係資料」（2019年3月）をもとに作成

備蓄米 →134ページ
生産調整 →112ページ。
経済連 →110ページ

13 新基本法の成立と直接支払制度へのシフト

時代に合わなくなった農業基本法

農業基本法は、農業の近代化と合理化を図り、農家と他産業従事者との所得格差を是正するために1961年に施行されました（120ページ）。しかしその後、日本の農村では高齢化が進み、活力が低下していきました。農産物の輸入自由化や食料自給率の低下など、日本の食料や農業をめぐる状況も、61年当時とは大きく変化しました。そこで99年、新たに食料・農業・農村基本法が制定されました。

新基本法は、食料の安定供給の確保、多面的機能の発揮、農業の持続的な発展、農村の振興を大きな理念としています。政府は、この法律にもとづいて、食料の安定供給と多面的機能の発揮を進めていくことにしたのです。多面的機能とは、農業が果たしている食料生産以外の機能のことで、たとえば水田が洪水を防いでいることなどが挙げられます（58ページ）。

そして、農業によって**中山間地域**の多面的機能が支えられているとして、中山間地域等直接支払制度も導入されました。それまでの日本の農業支援は、食糧管理制度に代表されるように、政府の介入によって農産物価格の下落を防ぐ**価格支持**という手法が中心でした。ところが**WTO**（世界貿易機関）では、そのような支援は原則として認めていないため、以後は農家に直接補助金を支払う、**直接支払**制度にシフトしていきます。

2007年には、地域の農業を担っていく農家を支援するため、規模の大きな農家を対象に交付金が支払われることになりました。これが品目横断的経営安定対策です。従来の日本では、すべての農家を対象に、米や大豆など品目ごとに交付金が支払われ

用語

中山間地域
↓40ページ

価格支持
政府が市場に介入することで、農畜産物の値段が下がらないようにすること。詳しくは128ページ。

WTO
世界貿易機関。自由貿易体制を強固なものとするため、GATT（122ページ）を発展的に解消させ、1995年に設立された。

直接支払
農畜産物の値段が下落するなどした場合、政府が生産者に直接補助金を支払うこと。詳しくは128ページ。

ていました。ところが品目横断的経営安定対策では、農業の「担い手」に支援を集中させ、交付金が支払われることになったのです。

支払いの対象となったのは、米、麦、大豆、テンサイ、デンプン原料用バレイショを栽培する農家で、4ha（北海道は10ha）以上を経営するか、20ha以上の集落営農でした。ただし、要件が厳しすぎるという声が大きく、08年からは地域の実情に合わせて設定できるように緩和されました。併せて名称も、水田経営安定対策と変わりました。

農業者戸別所得補償制度のその後

一度は大規模な農家に集中した直接支払ですが、民主党政権となった10年からは、農地の規模にかかわらず、ふたたびすべての農家を対象とした農業者戸別所得補償制度に変わり、水田10a当たり1万5000円が支払われました。12年の自民党の政権復帰にともない、支給額が10aあたり7500円に半減し、17年産の補償を最後に廃止となりました。

日本の食料自給率

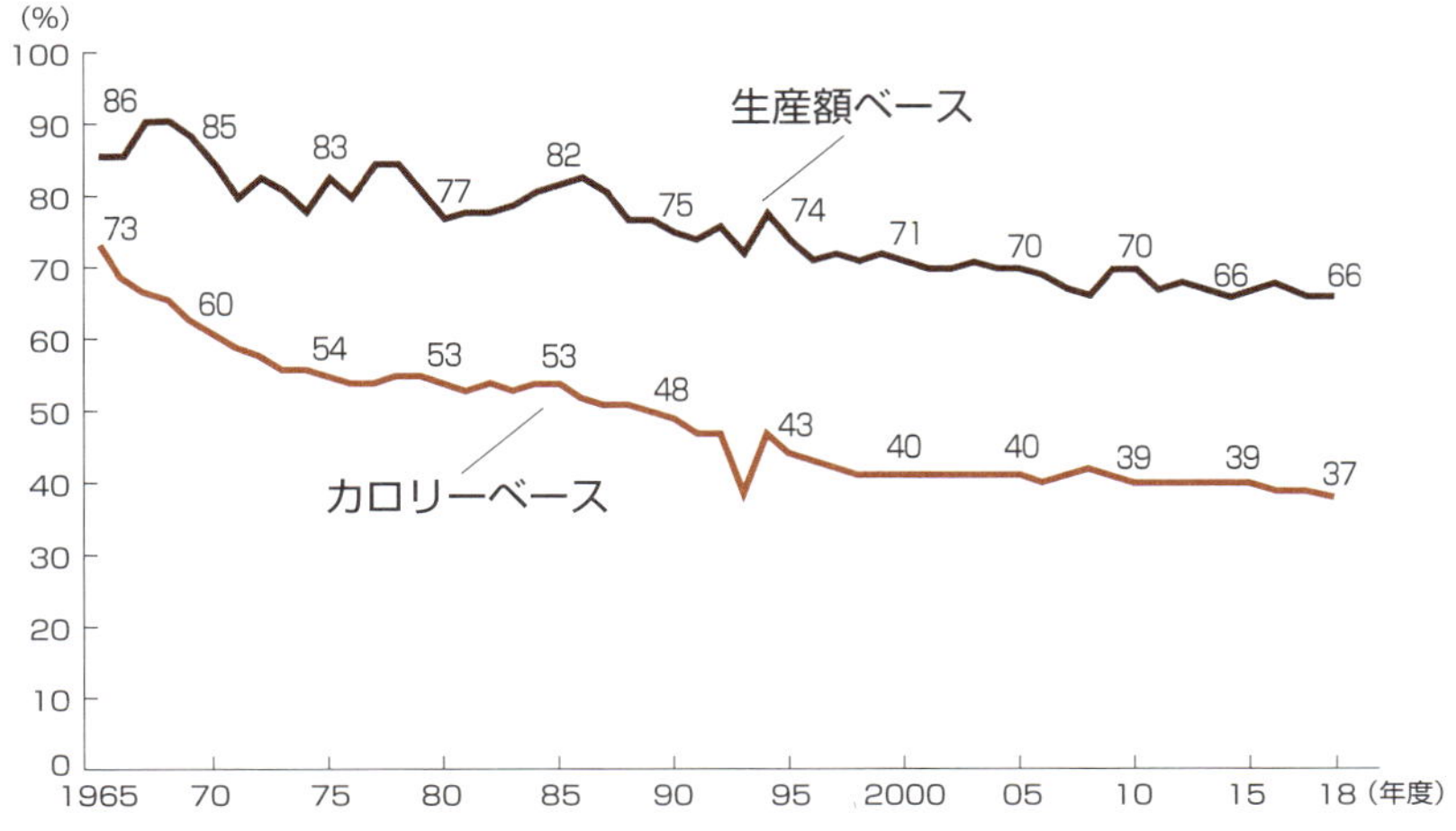

資料：農林水産省「食料需給表」

14 世界各国が行う農業保護のための2つの政策
～価格支持と直接支払～

自国農業の保護が必要な理由

世界には、さまざまな条件の国があります。農業に向いた平坦地が広がる国がある一方で、不向きな山地ばかりの国もあります。農業の機械化が進んだ国もあれば、手作業を続けている国もあります。人件費が高い国もあれば、安い国もあります。仮に、これらの国で米を作ったら、1kg当たりの生産コストは、国ごとに大きく異なるでしょう。しかし、どの国にとっても、農業が自国民の食料生産を支える重要な産業です。しかも農業は、多くの国民の生活の糧になっています。

そこで各国は、さまざまな方法で自国の農業を保護しています。たとえば、農産物の価格を維持する「価格支持」や、農家の所得を補償する「直接支払」がよく知られています。

自由貿易の拡大で、価格支持から直接支払へ

価格支持とは、政府の介入により、市場での最低価格を維持し、購入する消費者に広く負担してもらおうとする制度のことです。たとえばＥＵ（欧州連合）では、小麦やトウモロコシ、乳製品などの支持価格を定め、市場価格がそれを下回った場合、専門機関が買い支えをし、価格が下がらないようにしてきました。同様の制度は、アメリカなど世界各国にもあり、日本でも、主食である米が、食糧管理制度の下で、長らく価格支持の対象になってきました。

ところが、こうした価格支持制度に対し、自由貿易の促進を目的とした国際協定であるGATT（関税及び貿易に関する一般協定）や、ＧＡＴＴを拡大発展させたWTO（世界貿易機関）は、自由貿易を阻害するものだという見方を示してきました。

用語
GATT
→122ページ
WTO
→126ページ

そこでEUやアメリカは、価格支持から、自由貿易を阻害しない生産者への直接支払制度に転換を進めています。

直接支払は、生産者の所得を補償する目的で、政府が一定の金額を直接、生産者に支払うというものです。

たとえばEUでは、支持価格の引き下げによる所得の減少を補うため、1992年から、農家に直接補助金を支払うようになりました。また、山岳地域など農業に不向きな地域でも農業を続けられるようにするため、条件不利地域を対象とした直接支払も実施しています。山岳地域の多いスイスでは、農家所得の約95％が、直接支払によるものです。

日本でも、稲作農家に対する米の所得補償のため、たとえば農業者戸別所得補償制度として、2010年から13年までは、10a当たり1万5000円が交付されました（127ページ）。また、**中山間地域**や農業の多面的機能の保全などを対象とした直接支払もあります（126ページ）。

農業所得に占める直接支払の割合

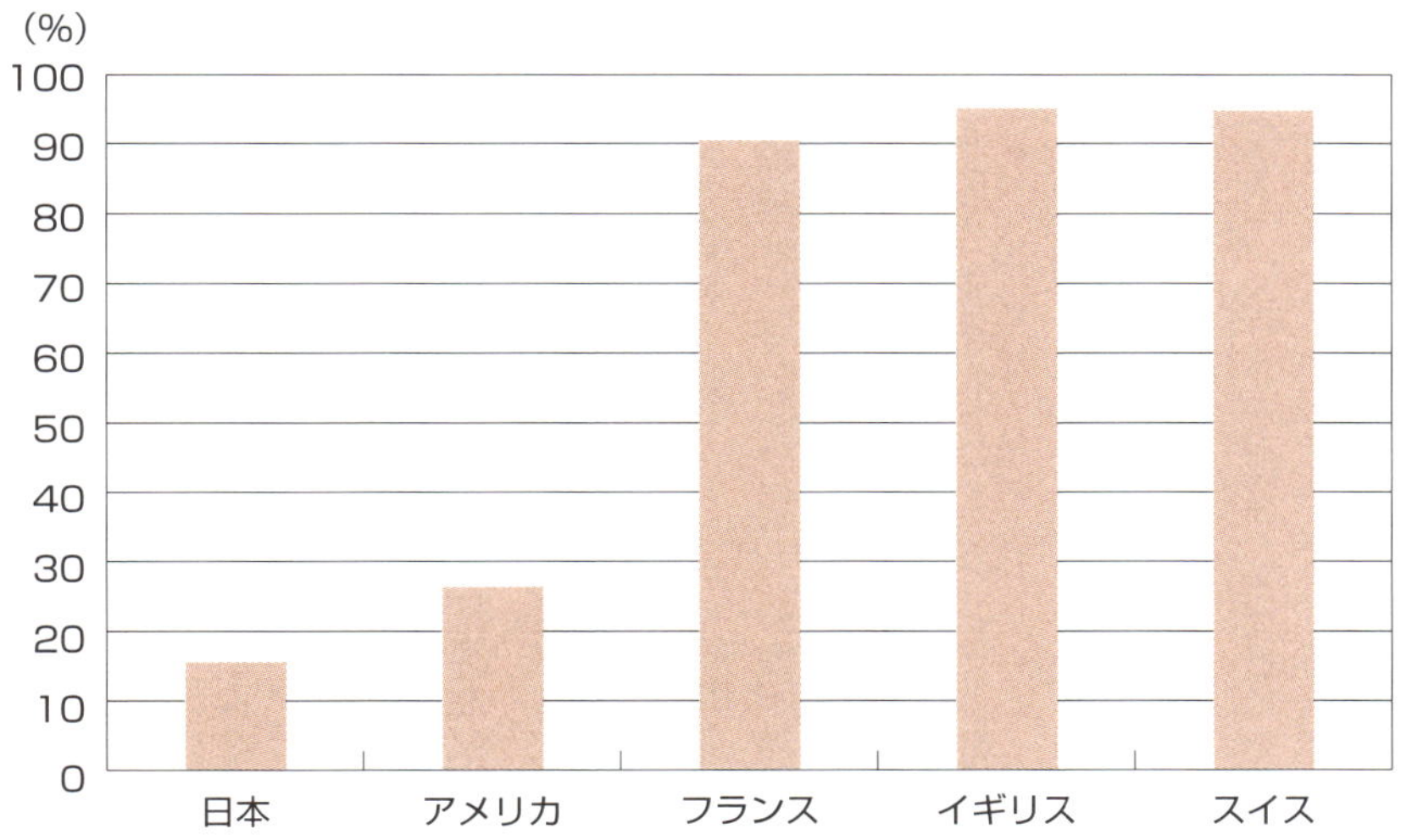

資料：農林水産省「農林水産政策会議」資料をもとに作成

用語
中山間地域
↓40ページ

15 農地中間管理機構の設置と減反政策廃止後

中山間地域で歩みの遅い農地集積

耕作者がいなくなった農地を、意欲のある担い手農家へと集め、**耕作放棄地**の解消をめざすのが農地中間管理機構（農地バンク）です。公募で選ばれた担い手や企業に農地を貸し出すための公的機関で、2014年度に各都道府県に設置されました。分散した農地の集約による規模拡大も目的の一つです。

18年度までの5年間で機構を通じ集積された農地の合計面積は8万6698ha。政府が掲げた74万6050haの目標の12%にとどまり、農地集積全体に占める機構扱いの割合も伸び悩んでいます。

平たん部に水田地帯を多く抱える北陸や東北では、機構を通じた集積が着実に進んでいるのに対して、**中山間地域**の多い西日本の府県の大半では集積が遅れがちです。条件不利地でも農地の集積が進むよう、より地域に近い市町村や農業委員会、ＪＡなどとの連携強化も、機構の課題になっています。

国内農業の保護のため、政府が農業経営を支える交付金を農家に直接支払う政策は、世界的な潮流です。日本でも2000年代に中山間地域等直接支払が始まりました。14年度からは、中山間地域等直接支払に環境保全型農業直接支払と多面的機能支払を加えた3種に整理統合したうえで、制度が運用されています。食料生産だけでなく、国土や水源、自然環境の保全など、さまざまな価値を生み出す農業を支えるための日本型直接支払制度です。

また、民主党政権下の10年にスタートした米の直接支払（農業者戸別所得補償制度）は、自民党の政権復帰にともない、支給額が10ａ当たり7500円に半減し、17年度産への補償を最後に廃止となりました。

用語

耕作放棄地
調査日以前1年以上作付けせず、今後数年間に再び耕作する見込みのない土地。なお、今後数年の間に耕作される見込みのある土地は「不作付け地」として区別される。

中山間地域
↓40ページ

米価の調整弁としての飼料用米

1970年から続いていた政府主導による米の**生産調整**（減反政策）は、18年度に廃止されました。多くの農家が作付け面積を増やせば、供給過多で相場（米価）は下がりますが、注目の18年産米は、**作況指数**が98の「やや不良」だったこともあってか、相場に変動は見られませんでした。

相場安定の原動力と見られているのが、水田活用を対象にした各種の直接支払交付金です。なかでも家畜などの飼料用米には、収量に応じて10a当たり5・5万~10・5万円（平均8万円）の補助金がつきます。13年に10万tだった飼料用米の生産量は18年には48万tと5倍近くに増大しました。

水田の面積は限られているので、飼料用米の増産は主食用米の減産を意味します。補助金のつく飼料用米が、主食用米の生産過多を防ぎ、価格を下支えしている形です。飼料用米の約半分は、生産性の高い大規模農家によって栽培されています。

農地中間管理機構の仕組み

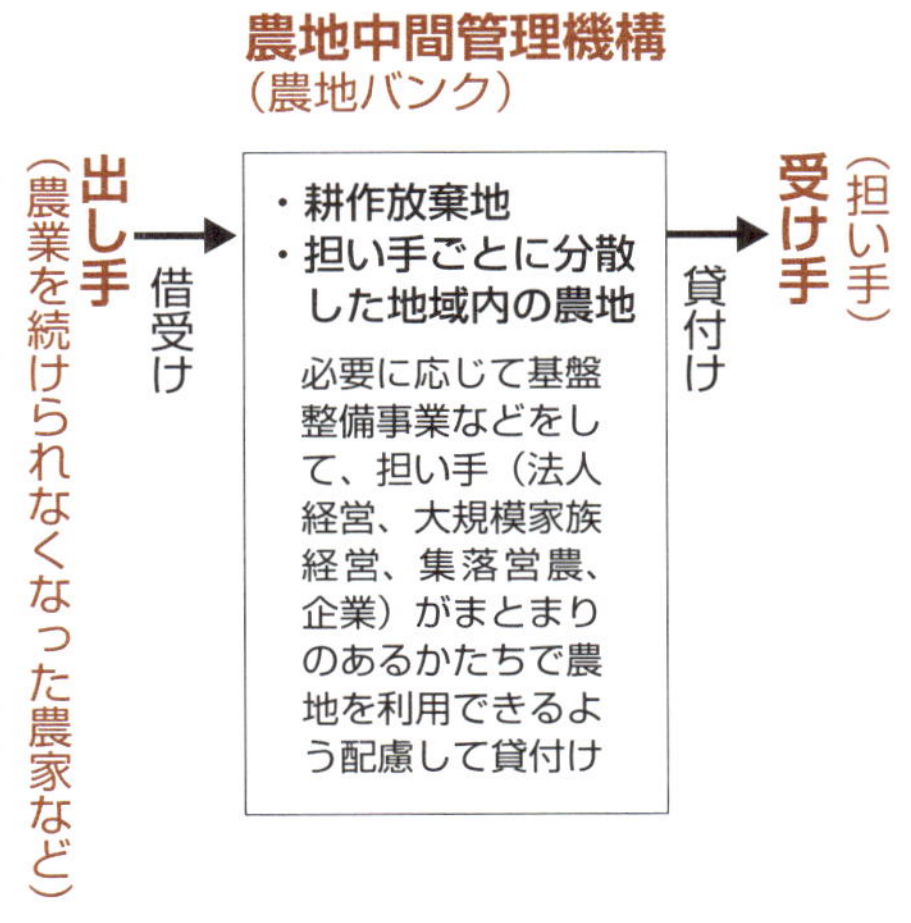

農地集積のイメージ

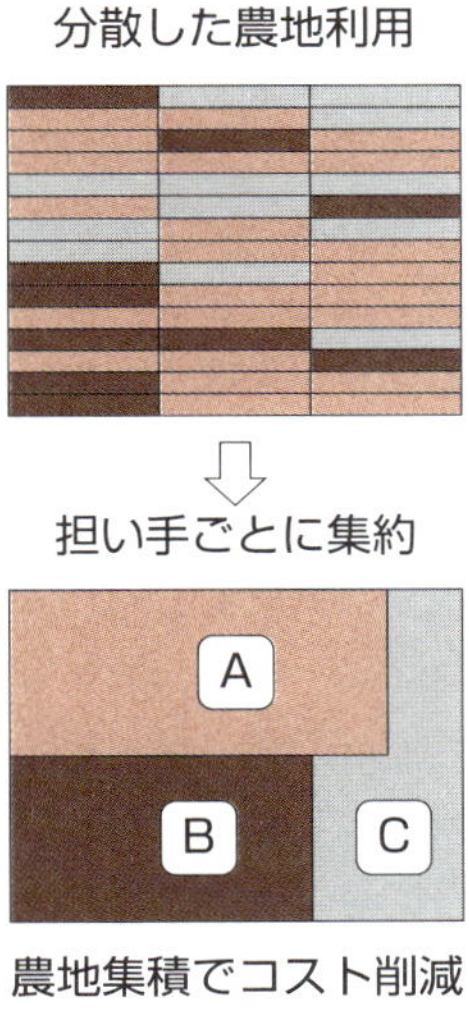

資料：農林水産省「食料・農業・農村白書」（2014年度）をもとに作成

用語
生産調整 →112ページ
作況指数 →64ページ

コラム

世界農業遺産にもなった棚田

景観美だけではなく、地域を豊かにする産業システム

世界農業遺産は、世界的に重要な伝統的農業（農林水産業）を営む地域をFAO（国連食糧農業機関）が認定する制度で、2002年に始まりました。保全だけでなく、伝統の技術を守りながら近代的な知恵も取り入れ、持続的に活用することをめざす点が、世界遺産と異なります。

18年末の時点で、世界21か国の57地域。そのうち11地域が日本にあります。新潟県佐渡市の「トキと共生する佐渡の里山」、石川県能登地域の「能登の里山里海」が日本では最初の認定を11年にそろって受けました。

能登では、先端部の奥能登、中能登、付け根に位置する口能登まで、半島の全域に棚田が分布しています。輪島市の白米千枚田《しろよねせんまいだ》は、日本海に向かってなだれ落ちるような景観が息をのむほどで、世界農業遺産のシンボルです。

世界農業遺産に認定されたことをきっかけに、輪島・珠洲《すず》・穴水・能登の４市町から成る奥能登地域では、「能登棚田米」のブランド化と、棚田の維持・保全を同時に進めています。

棚田での米の栽培は、手間がかかって収益が上がりにくく、耕作放棄地が拡大していました。そこで、奥能登の４市町、４JA、農林総合事務所が活動協議会を立ち上げ、化学合成農薬と化学肥料の使用割合を減らした環境にやさしい米作り（エコ栽培・特別栽培）を拡大し、全域で米の品質と食味を安定させ、県内外や首都圏でＰＲ活動を展開しました。さらに学生ボランティアや消費者も巻き込んだ棚田の保全活動にも取り組んでいます。その結果、16年までの５年間で、取り組み面積は28haから81haへ、生産者は38名から81名に、生産量は92ｔから267ｔになりました。

ネットで資金を募るクラウドファンディングで棚田を活性化

口能登に位置する羽咋《はくい》市の神子原《みこはら》地区には、ゆるやかな傾斜地に石川県内で最大面積の棚田が広がっています。ここで栽培される神子原米は、05年にローマ法王に献上され、ブランド米の地位を築きました。それでも過疎高齢化で耕作放棄地は増えています。

07年に地元住民の出資で設立した株式会社「神子の里」は、農産物直売所やカフェの運営に加え、持続的な棚田活用のため、能登神子原米を原料にした純米大吟醸酒の製造を始めました。これに必要な資金を、クラウドファンディングで募集したところ、19年3月までに190人の支援者から目標の2倍を超える463万円が集まりました。支援者には、金額に応じて純米大吟醸酒や能登神子原米が返礼品として送られます。

第5章

米の流通・消費、貿易を知る

1 国内の米の消費動向

主食用米の3分の1は、中食・外食で消費

日本人の主食である米には、用途別・品質別にさまざまな需要があります。用途別にごく大まかに分けると、主食用米と主食用ではない米です。

主食用米は、家庭内で食べられるものと、外食や、コンビニの弁当など**中食**《なかしょく》で消費される業務用米に分けられます。一方、主食用でない米は、政府の**備蓄米**、酒などに利用される**加工用米**、家畜の餌や米粉などに使われる**新規需要米**に分けられます。

２０１７年産米の需要量をみてみると、主食用米は約７３１万ｔ。備蓄米は20万ｔ、加工用米は28万ｔ、新規需要米は53万ｔでした。主食用米が約88％を占めており、もっとも需要が高いといえます。

では、主食用米について、米穀安定供給確保支援機構がまとめた「米の消費動向調査結果」をみてみましょう。19年4月の1か月当たりの1人分の精米消費量は、４９２３ｇ（32合余り）でした。このうち、家庭内で食べる米は３２３３ｇで、消費量全体の65・7％を占めています。そして残り34・3％が中食・外食で、１６９０ｇ（中食９８０ｇ、外食７１０ｇ）です。家庭で消費される米の量は減少していき、代わって中食や外食で使われる米（業務用米）が増えつつあるのが、最近の傾向です。

米の消費量は、減少傾向にある

次に、１人当たりの米の消費量について、長期的にみてみましょう。１９６２年度の１人当たり年間１１８・３kgをピークに減少を続けており、２０１８年には、半分以下の53・1kgになりました。

総務省の行っている家計調査で、１世帯当たりの米への支出の推移をみてみると、２０００年には3

用語

中食
ちゅうしょくともいう。総菜やコンビニ弁当など、家庭の外部の人によって調理された食品を自宅で食べること。手作りの家庭料理を食べる内食と、レストランや飲食店などで料理を食べる外食の中間に位置することから、こうよばれている。年ごとに市場は拡大しており、２０１７年には10兆円に達している。

備蓄米
気象条件などにより米の収穫高の大きな偏りがある場合に備えて、政府が購入して保管する米。

加工用米
酒、加工米飯、味噌、米菓などの用途に供給する目的で生産される

万8920円でしたが、18年には2万4314円となり、1万円以上、減少しました。パンや麺類は19年間で大きな変化はありませんが、代わりに増えているのが中食や外食に対する支出です。

では、米の消費量は、今後どう推移していくのでしょうか。まず、人口減少による影響は避けられません。日本の総人口は08年をピークに減少傾向にあり、米の需要を減らす大きな要因になると考えられます。

2つ目が、少子高齢化の影響です。若年層が減って高齢層が増えれば、1人当たりの平均摂取カロリーが低下するため、米の需要も減ると予測されます。

3つ目が、世代交代による消費者の好みの変化です。米への依存度が高い高齢層から、パン・麺類への依存度が高い若年層へと世代交代が進むことで、米の需要は減っていくと推察されます。

今後は、米自体の需要を高めるため、主食用米の消費拡大を図るのと同時に、加工用米や新規需要米の需要も伸ばしていく必要があります。

米の1人当たり消費量の推移

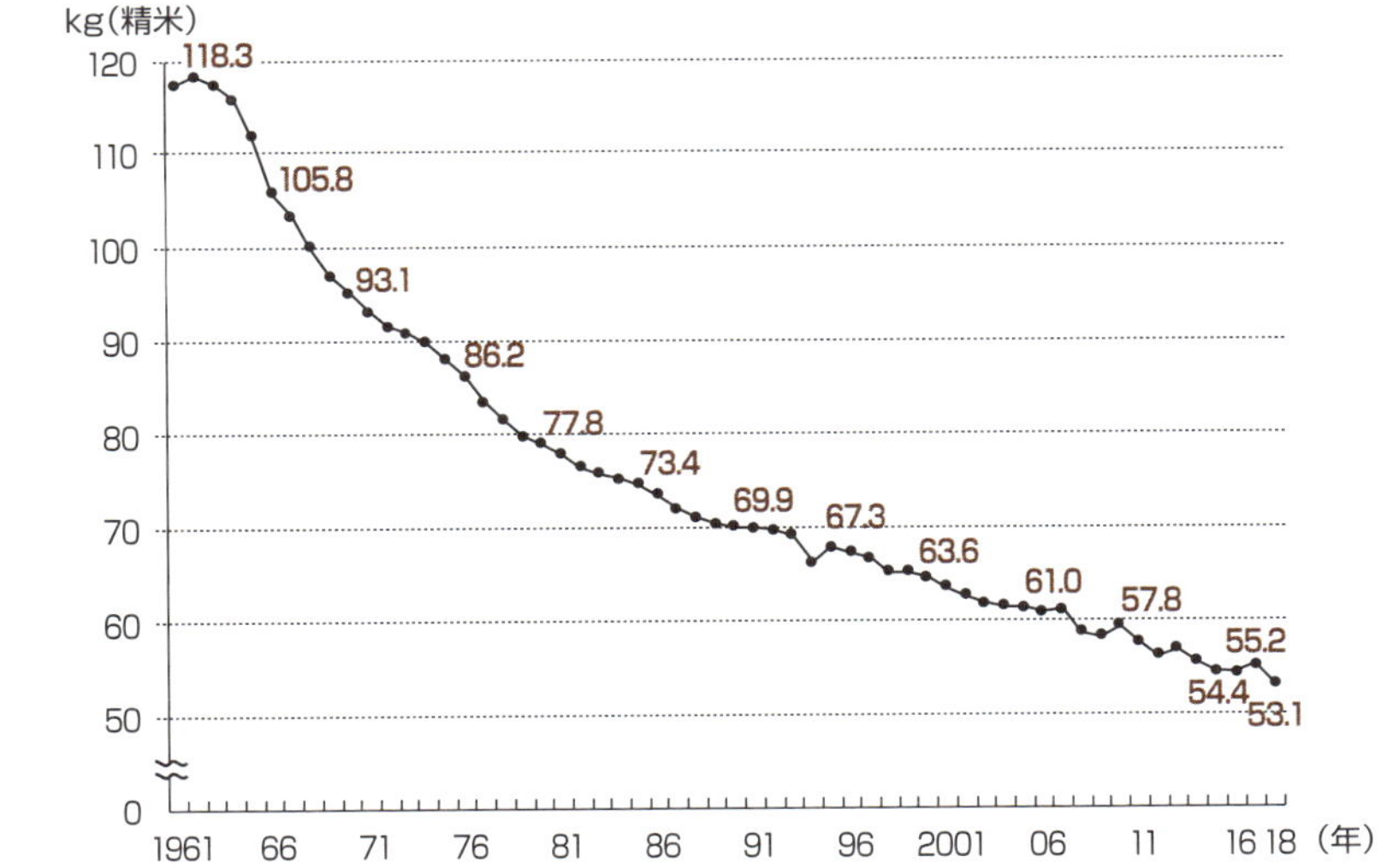

資料：農林水産省『食料需給表』

米。

新規需要米
飼料用、米粉用、ホールクロップサイレージ（稲発酵粗飼料）用稲、バイオエタノール用、輸出用、青刈り稲・わら専用稲などの用途に供給するため生産される米。

2 消費者が米に求めるもの

価格帯がもっとも重要視される

パンや麺類などに押されぎみで消費量が減っている米ですが、それでもやはり日本人の主食であることに変わりはありません。

一般社団法人日本協同組合連携機構（ＪＣＡ）がまとめた「農畜産物の消費行動に関する調査」（2018年度）をみてみると、一般消費者が何を求めているのかが浮き彫りになってきます。

米を購入するさいのこだわりは「価格帯」が65％と突出しています。属性別にみると、既婚層では男女とも「品種」、単身女性層では「精米してからの期間」、単身男性は「買うお店、ネット等のモールなど」のポイントが高いという結果が出ています。

全体的にもっとも多い購入価格帯は、「1700〜2000円未満」で24％。「1500〜1700円未満が18％と続きます。「1500円未満」は10％にとどまり、前年度よりも減少しています。

『コシヒカリ』が根強い人気

「価格帯」以外のこだわりの理由は、「美味しいと思うから」と答える人が多く、米に対して食味を重要視していることがわかります。そこで、おいしさの決め手は何かとたずねると、「品種」60％、「炊飯する器具」44％、「産地」36％と続きます。

おもに購入する米の品種をたずねると、『コシヒカリ』が57％で群を抜いてトップに立ちました。次に、『あきたこまち』28％、『ひとめぼれ』21％と続きます。また、今後食べたい米の品種でもトップ3は『コシヒカリ』60％、『あきたこまち』32％、『ひとめぼれ』29％であり、この3種は非常に強い支持を得ていることがわかります。

米の購入に際してこだわる点（2015～18年度）

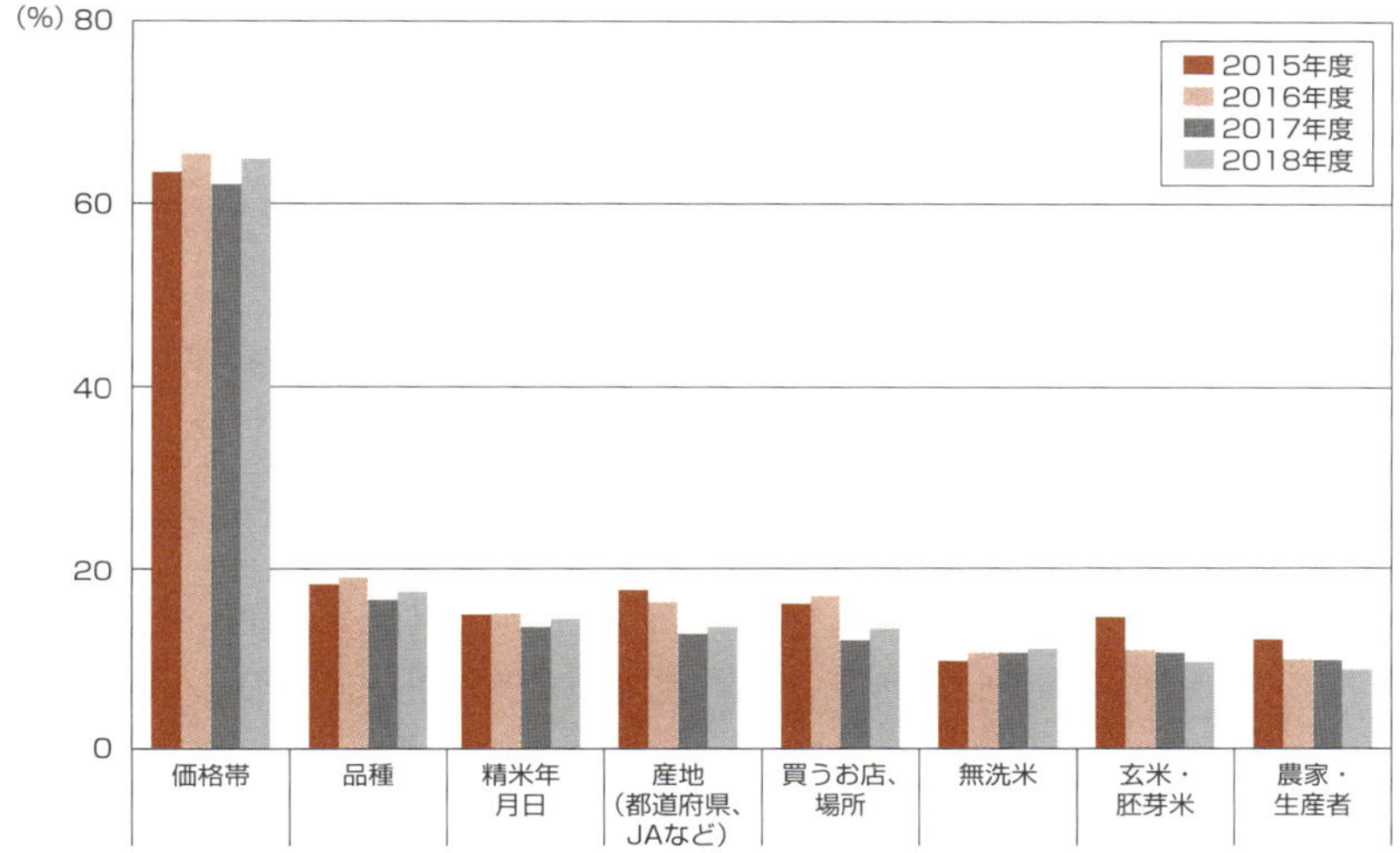

資料：一般社団法人 日本協同組合連携機構（JCA）「農畜産物の消費行動に関する調査」（2018年度）をもとに作成

購入する米の価格（2018年・5kg当たり）

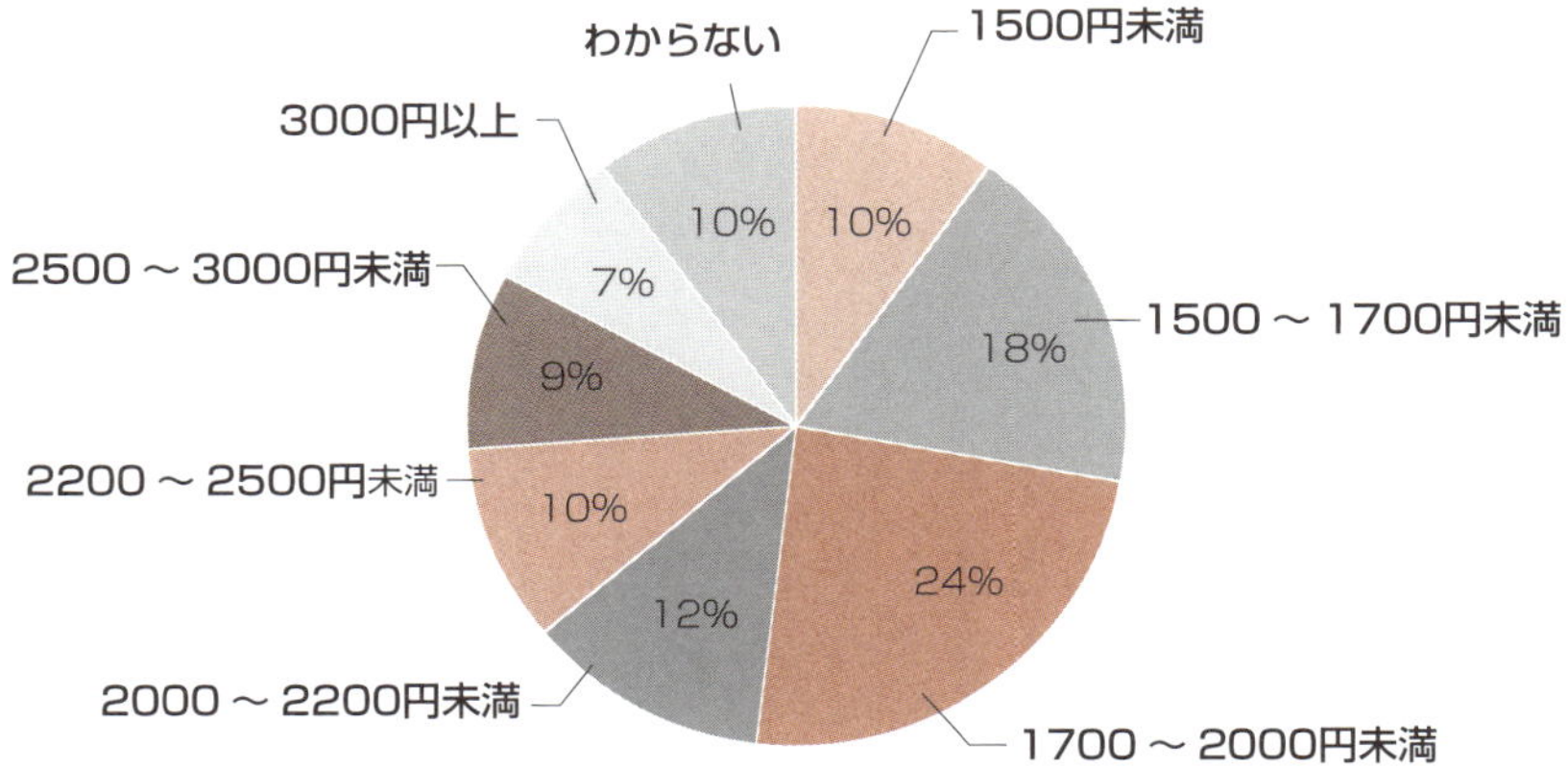

資料：一般社団法人 日本協同組合連携機構（JCA）「農畜産物の消費行動に関する調査」（2018年度）をもとに作成

3 変わる米の購入方法

コンビニでも米が買える時代に

かつては米といえば、原則として国から許可を受けた米穀専門店でしか購入できませんでした。これは、**食糧管理法**によって米の流通が厳密に管理されていたためです。ところが、1960年代後半から徐々に規制が緩やかになり、後にはスーパーマーケットなどでも購入が可能になりました。

食糧管理法は95年に廃止され、新たに**食糧法**が制定されました。多くの規制が緩和された現在では、コンビニやドラッグストア、ディスカウントストアなどでも買えるようになっているほか、インターネットや通販による販売も盛んになっています。

インターネットでの配達が増える

現在の消費者は、米をどこで購入しているのでしょうか。農林水産省がまとめた「食料品消費モニター調査」（2007年）によれば、食糧法制定直後の1996年は、スーパーが24％でもっとも多く、次いで米穀専門店が23％でした。生協、家族・知人から無償で譲渡（縁故米）がそれぞれ15％、農家直売が14％、JAが7％、コンビニが1％、デパートは1％未満となっています。

ところが2019年になると、スーパーの1位は変わりませんが、その割合は50・2％と、23年前に比べて倍増しました。2位は家族・知人などから無償で譲渡（縁故米）で15・4％、生協が6・5％、農家直売が6・2％となっています。23年前はデータそのものが存在しなかったインターネットショップが6・1％で5位に入っています。以下、ドラッグストアが6％、ディスカウントストアが3・6％、米穀専門店が3％、JAが1・8％、デパートが1・

用語

食糧管理法
→109ページ

食糧法
→124ページ

2％と続いています（米穀安定供給確保支援機構「米の消費動向調査結果」2019年）。

また、一般社団法人 日本協同組合連携機構（JCA）の「農畜産物の消費行動に関する調査」（18年度）では、ネット販売等を利用して米を購入する理由を調査しています。

「配達してくれるので、重いお米を持たなくて済むから」が82％と群を抜いてトップで、前年度よりも増加しています。次に「色々な価格帯のお米を選べるから」が33％と続き、前年度よりも増加しています。3位は「色々な種類のお米を選べるから」で30％、4位は「おいしいお米を買えるから」で18％となり、どちらも前年度より減少しています。

ネット販売のサイトによっては、無料で配達や精米ができるものや、小額の追加料金を支払うことで無洗米にするサービスを行っているものもあります。重たいお米を配達して欲しいというニーズに加え、ネット販売ならではのお得なサービスも、購入意欲につながっているといえそうです。

精米購入・入手経路（購入人数割合〈複数回答〉）

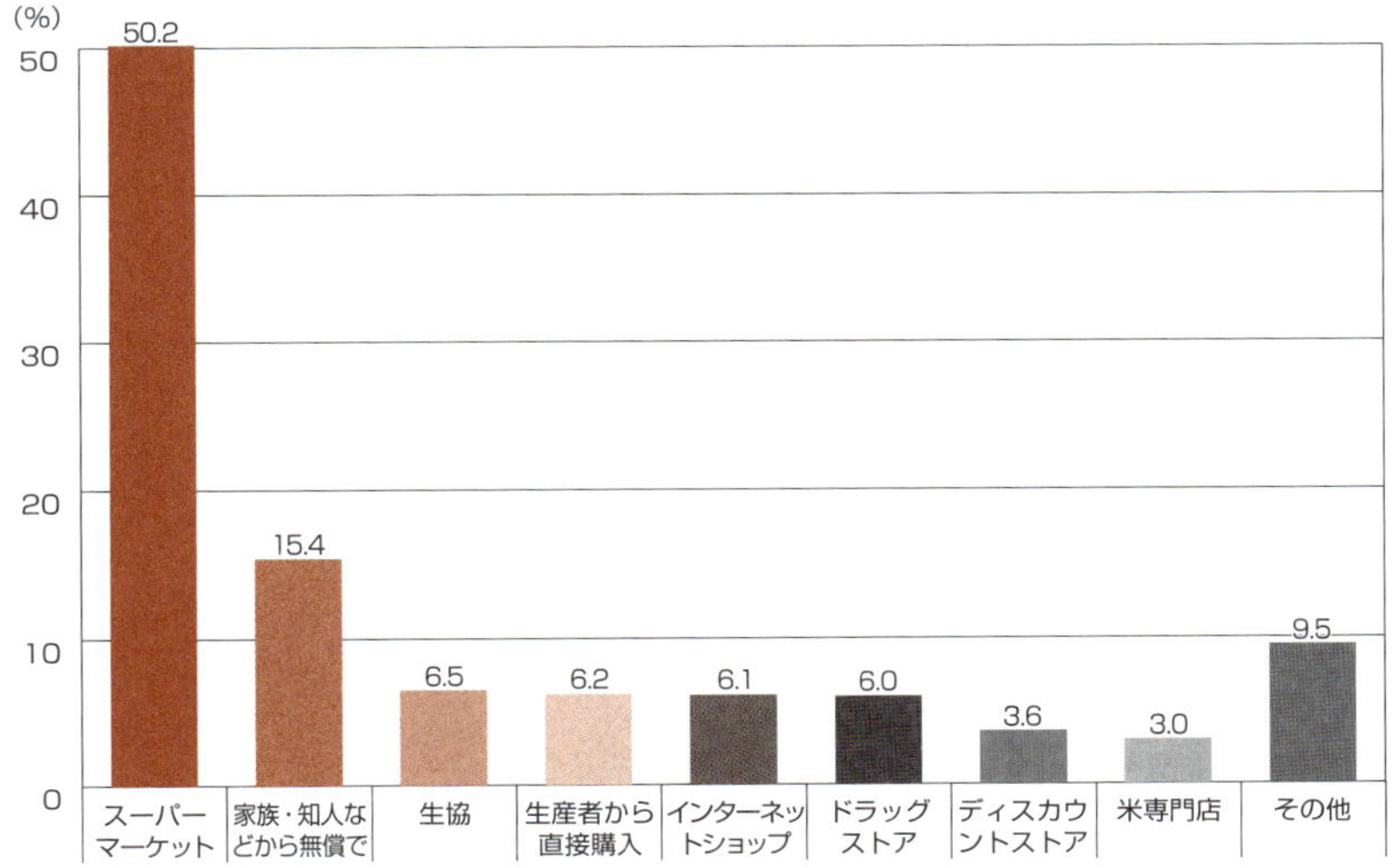

資料：米穀安定供給確保支援機構「米の消費動向調査結果」（2019年4月）

用語

精米
↓19ページ

4 米の消費拡大への取り組み

小中学校の米飯給食は週3・5回に

第二次世界大戦後に日本全国に普及した学校給食は、アメリカの余剰農産物だった小麦粉と脱脂粉乳を用いたパンとミルクが中心のものでした。当時は米が高価で、数量も不足していたため、学校給食に供することが困難だったのです。

学校給食は日本人の「食の欧米化」と「米食離れ」に大きな影響を及ぼしました。その後、米は生産量の増大と反比例するかのように消費量を減らしていきます。こうした中、米の消費拡大と、米を中心とした「日本型食生活」の普及を目的にした米飯学校給食が、１９７６年から始まりました。

当初は半数の学校が2週間に1度、米飯を献立に加える程度でしたが、10年後の86年には、完全給食を実施している学校の97・５%が１週間に平均２回の米飯給食を取り入れました。当時から文部科学省は週3回米飯給食を実施することを目標にかかげていました。これは２００７年度に達成されています。

農林水産省は米飯給食の拡大に向け、政府備蓄米の無償交付を続けています。18年度には、すべての小中学校の平均で週に３・５回、米飯給食が実施されました。この回数に、米粉のパン・麺の提供は含まれていません。文部科学省は、米飯給食が週3回以上の地域・学校については週4回程度になることを、新たな目標に設定しています。

人気のグルメサイトともコラボする「やっぱりごはんでしょ!」

ご飯を食べることは、健康的にも経済的にもよいとされています。農林水産省は、米の消費拡大を進める運動の一環として、情報サイト「やっぱりごはんでしょ!」を18年10月に開設しました。

このサイトに掲載されているのは、①全国のご飯大盛り・おかわり無料の飲食店、旅先で味わえる現地ならではの「ご飯食」に関する情報、②ご飯大盛り・おかわり無料キャンペーンなど米の消費拡大に取り組む企業などの企画に関する情報、③お米、ご飯の栄養、健康面の良さがわかる情報やご飯・米粉のレシピ紹介など業界団体などが取り組んでいる米の消費拡大に関する情報――などです。①では、人気グルメサイトの「食べログ」および「ぐるなび」と連携しています。

米の消費拡大に取り組む企業の活動を積極的に紹介するため、コンビニのセブン-イレブン、冷凍食品とパック米飯のテーブルマーク、牛丼チェーンの吉野家など、**中食**《なかしょく》・外食関連企業のサイトともリンク（ネット上で連結）しています。この背景に、主食用米の約3割が、中食・外食をよって消費されている現実があります。人口減少と高齢化で、家庭内での米消費は減り続け、中食・外食を通じて米を消費する機会が、ますます多くなりそうです。

茶わん1杯のお米の値段

ご飯は経済的な食べ物

茶わん1杯のご飯を炊く前のお米（精米）の重さは65gくらいです。5kgの精米は約77杯になりますので、2027円（小売価格の平均）のお米を買ってご飯を炊いた場合、1杯当たりのお米の値段は約26円となります。

※茶わん１杯のご飯は、精米65ｇ使用、５kg当たり2,035円（POSデータによるコメの平均小売価格（2019年2月））で算出。

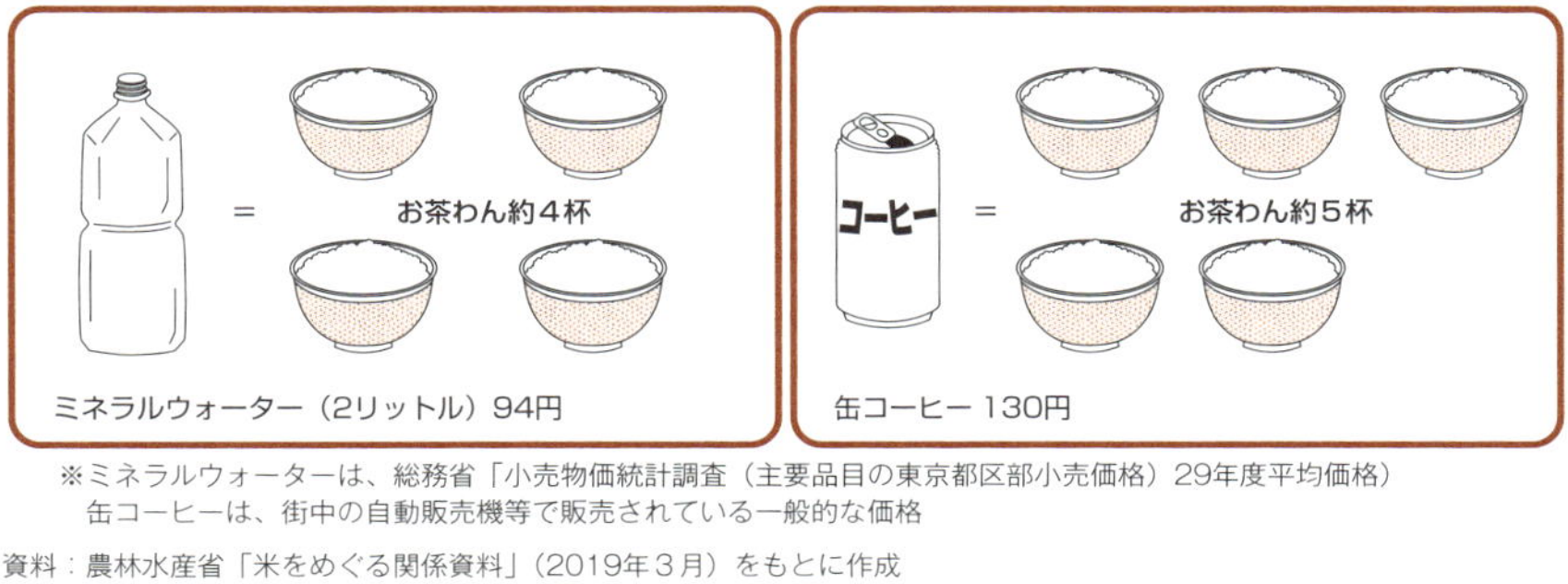

※ミネラルウォーターは、総務省「小売物価統計調査（主要品目の東京都区部小売価格）29年度平均価格）
缶コーヒーは、街中の自動販売機等で販売されている一般的な価格

資料：農林水産省「米をめぐる関係資料」（2019年３月）をもとに作成

用語

中食
→134ページ

5 消費が伸びるパック米飯

手軽に食べられ保存性も高い

家庭内で家族がばらばらに食事をする**個食**や、高齢の単身世帯が増えるなか、電子レンジで加熱するだけで手軽に食べられる包装米飯（パック米飯）の消費が、伸び続けています。

パック米飯とは、炊飯前の米を気密性の高い容器に入れて炊飯調理したものです。その後、無菌包装したものを「無菌包装米飯」、加圧加熱殺菌したものを「レトルト米飯」とよんでいます。

近年は、食味のよさから無菌包装米飯が主流になっています。一方のレトルト米飯は、食味については無菌包装米飯より落ちますが、長期間の保存が可能なため、アウトドアや保存食、非常食などに活用されています。

パック米飯の生産量は、1994年にはレトルト米飯2万2000t、無菌包装米飯1万1000tでした。その後、97年を境に無菌包装米飯の需要がレトルト米飯を上回り始め、2018年には、無菌包装米飯が17万t、レトルト米飯が2万8000tと、6倍の開きをつけて逆転しています。

両者を合計したパック米飯全体としても、1994年から2018年のあいだに6倍近くも伸びました。とくに、11年の東日本大震災以降、社会の防災意識が高まったことで、非常食としての伸び率が上昇しています。

小型パックで消費者のニーズに応える

では、なぜ消費者は、パック米飯を選ぶのでしょうか。全国包装米飯協会が行った「包装米飯に関するアンケート」（14年）によると、「便利だから」という理由が77％で1位。続いて「保存できるから」

用語

個食
家族が別々の時間に1人で食事をとることで、「孤食」とも書く。また、1人分や1食分に小分けされた食事のこと。

が57％。「おいしいから」という声も21％ありました。この結果からは、炊飯器で炊いたご飯と比べても、味にさほど遜色はないといえそうです。

年代別にみると、60歳以上で「毎日、ほぼ毎日食べている」人が他の年代よりも多くなっています。また、包装米飯なら調理が簡単なうえにおいしい、という声が聞かれました。

今後の要望としては、「サイズのバリエーションがもっとあればいい」という声が、多く挙がっています。高齢者にとっては、普及している200gパックでは量が多すぎて、残してしまうこともあるからです。

このような消費者の声を生かし、最近では内容量を減らした小型パックが開発されています。

また、JA香川県やJA秋田しんせいなど各地のJAでは、無菌包装米飯を商品化して米の新銘柄をPRしたり、既存ブランドの認知度アップを図ろうとしたりする動きがみられます。

パック米飯の消費量

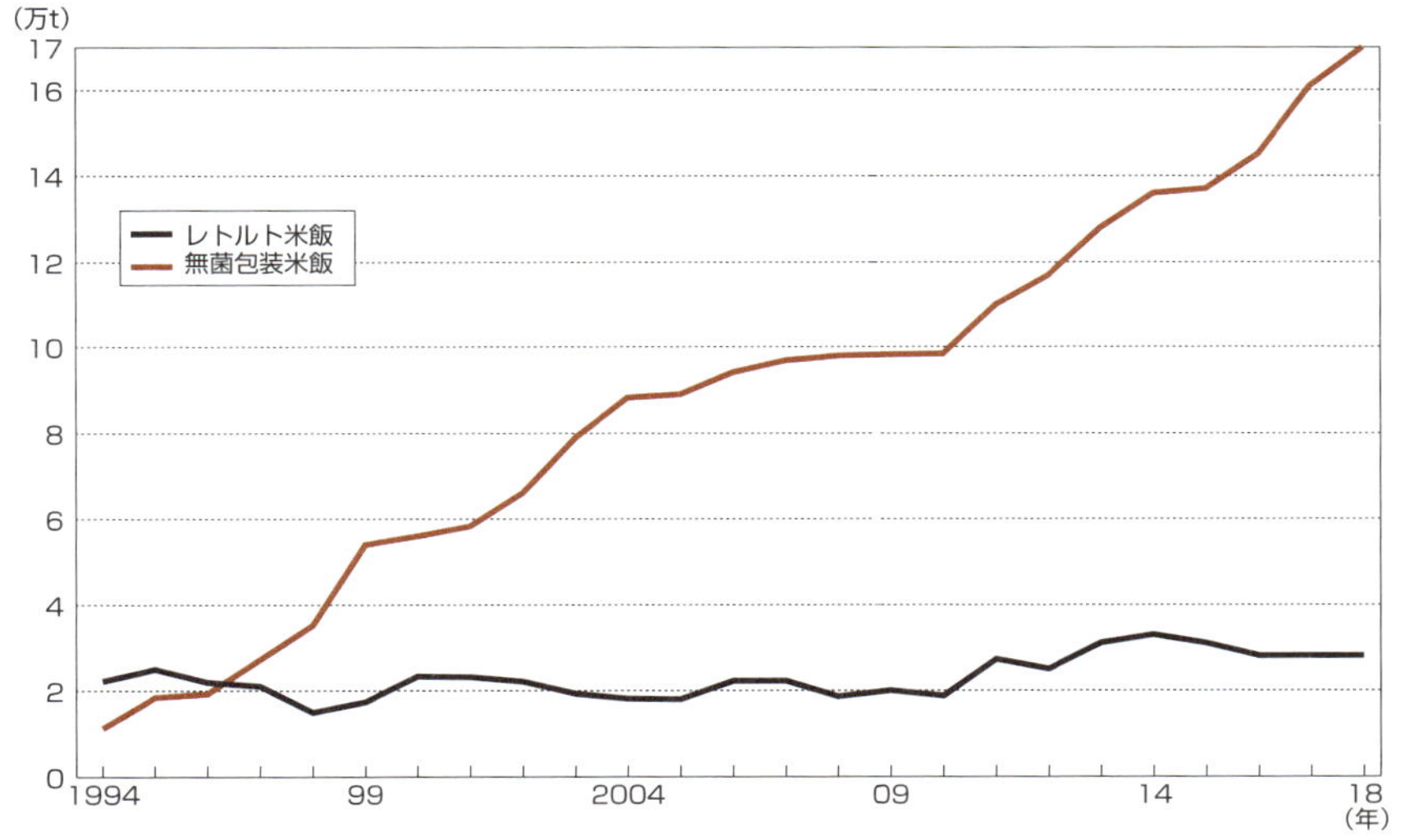

資料：全国包装米飯協会HPをもとに作成

6 中食・外食産業が求める米とは？

ほどほどの品質の米を、手ごろな価格で

日本での米の消費量は減少していますが、そのなかで、**中食**・外食向けの業務用米の需要は全体の3割を占めており、増え続けています。

じつは、家庭で消費する一般消費者と、中食・外食産業の企業とでは、求めている米の種類が異なります。多くの家庭で求められているのは、比較的、食味にすぐれた米です。一方、中食・外食産業が業務用米として重視しているのは、手ごろな価格で、そして、大量で安定的に供給される米です。

スーパーで家庭用に売られている米は、1kg当たり340〜400円ほど。それに対し、中食・外食企業が必要とするのは、1kg当たり300円以下の低価格帯米です。

業務用米として作り分けが求められる

日本の米の生産現場では、長年にわたり、家庭用米と業務用米を明確に区別してきませんでした。品種選定から収穫までの作業は同じで、出荷や卸売りの段階になって初めて仕分けが行われてきました。

多くの産地では、家庭用米に主眼を置き、その余りを業務用として出荷することもありました。つまり、業務用であっても、家庭用と同じ産地・品種・銘柄の米が用いられてきたのです。

もう1つの要因は、産地側が高品質の米作りを追求して、米の食味を向上させ、高価格での販売をめざしてきたことです。これによって、コシヒカリなど特定の品種に作付けが集中するという現象が起きたのですが、皮肉なことに、高品質で高く売ることのできる米を作れば作るほど、中食・外食企業が求

用語
中食
→134ページ

める業務用米とは乖離《かいり》していきました。

　では、中食・外食企業が求める米の品質は、どういったものでしょうか。たとえば、コンビニなどで販売するおにぎりであれば、良食味であることに加え、適度に粘りと歯ごたえがあるものが好まれます。寿司は、酢の入りがよく歯ごたえがあるもの、丼物であれば丼つゆの通りがよくやや硬質なものが求められています。こうした、需要に応じた米の生産と販売ができるように、産地と中食・外食企業とのマッチングを行う展示商談会なども開催され、中食・外食向け米の安定取引を拡大させる動きが高まっています。

　また、生産者が中食・外食向けの米の生産に取り組むための手段として、生産コストの削減に向けて技術開発が進められています。コスト削減の技術は生産者の手取りを増やすだけでなく、作業を簡便にすることができます。とくに注目されているのが、多収品種の導入です。多収品種の一つである『あきだわら』は、10a当たりの収量が『コシヒカリ』よりも3割多いといわれています。こうした業務用米は、契約栽培によって安定収入が得られることや、他の品種との組み合わせによる作業分散などの利点もあります。

多収で良食味の中食・外食向け品種とその栽培適地

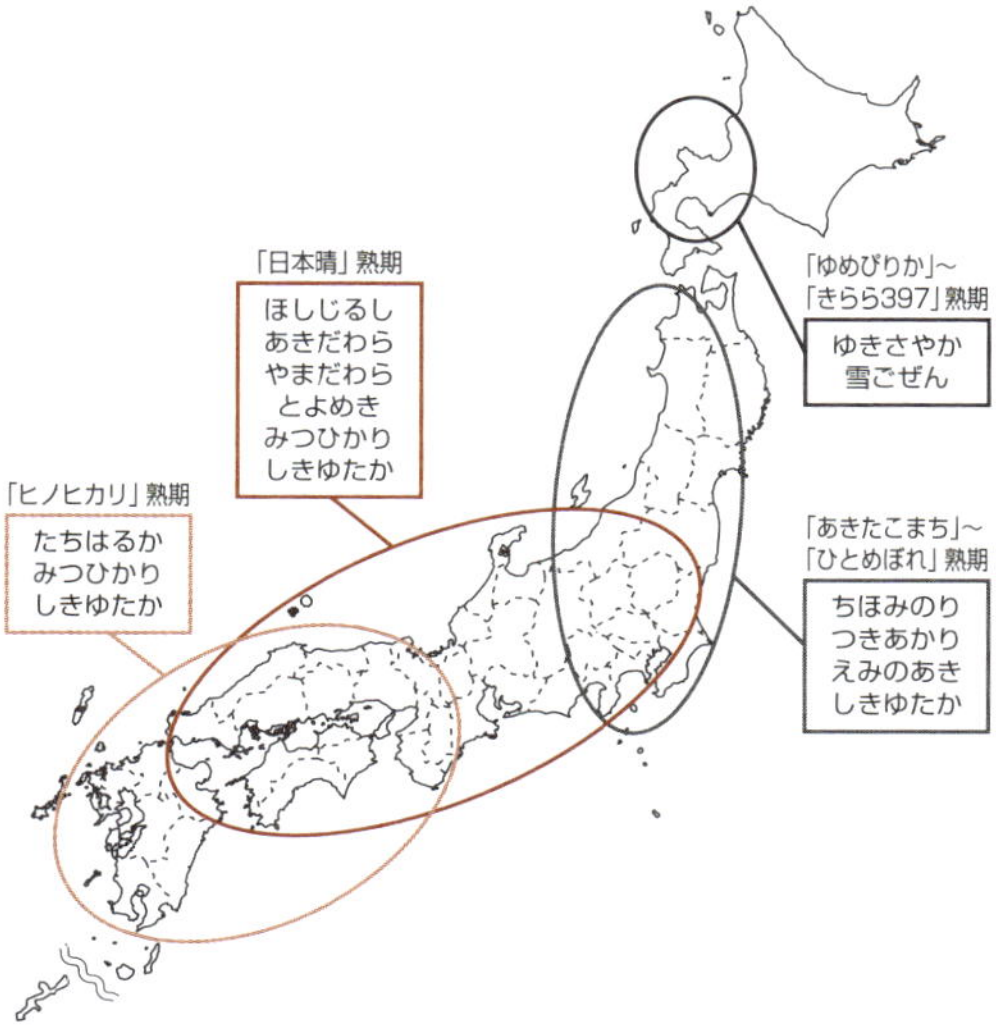

資料：農林水産省「米をめぐる関係資料」（2019年4月）

7 米の食品表示と米袋の見方

米袋の裏に表示される重要な情報

最近の米袋は美しくデザインされたものも多く、表面のイラストや題字に目を奪われてしまいます。しかし、裏面の食品表示にこそ、袋に詰められた米に関する重要な情報が記されています。

米は、**食品表示法**にもとづいた「玄米及び精米品質表示基準」により、「名称」「原料玄米」「内容量」「精米年月日」「販売者」の5項目を表示することが義務づけられています。

「名称」は、中身の米をあらわしています。通常の白米なら「精米」、もち米なら「もち精米」と記されています。また、精米に含まれる胚芽重量の割合が80％以上のものは「胚芽精米」と記載されます。

「内容量」は、中に入っている米の重さで、「g」もしくは「kg」単位であらわされます。

「精米年月日」は、中の米が精米された日付です。異なる日に精米した米が混合されている場合は、もっとも古い年月日が記載されます。

「販売者」は、最終的に米を袋に詰めた業者の名前です。また、精米工場を所有する業者と工場名、住所、電話番号が記載されることもあります。

産地・品種・産年がひと目でわかる

「原料玄米」の項目には、米の産地や種類、生産された年、構成比が記載されています。原料玄米には、「単一原料米」と「複数原料米」があります。

単一原料米は、産地・品種・産年が100％同じ米のことです。米袋の表に「○○県 コシヒカリ ○○年産」などと記載してあるものは、単一原料米ということになります。→左図表示例①

一方、複数原料米は、複数の産地・品種・産年の

用語

食品表示法
JAS法、食品衛生法、健康増進法の3つの法律の食品表示に関する規定を統合した法律として、2015年に施行された。これにより、任意表示だった栄養表示が義務づけられた。

米を混ぜ合わせたもので、ブレンド米（174ページ）ともいいます。

産地・品種・産年の3つの要素のうち、どれか1つでも異なる米が入っていれば単一原料米にはならず、複数原料米ということになります。↓下図表示例②

たとえば90％が「魚沼産コシヒカリ」でも、残り10％が他県産のコシヒカリだった場合、品種が同じコシヒカリでも単一原料米の「魚沼産コシヒカリ」にはなりません。ですから、袋の表にも「魚沼産コシヒカリ」と表記してはいけないのです。

このような複数原料米の場合は、産地・品種・産年に加えて、使用割合（構成比）についての情報を付加します。「％」で表示された使用割合を見たことがあるかもしれませんが、2010年より「割」であらわされるようになりました。先ほどの例では、まず「国内産10割」と記したうえで、「新潟県コシヒカリ○○年産9割」、続いて「○○県コシヒカリ○○年産1割」と表示されます。

米袋での食品表示

単一原料米（表示例①）

名称	精米		
原料玄米	産地	品種	産年
	単一原料米 ○○県	コシヒカリ	○○年産
内容量	5Kg		
精米年月日	令和○○年○○月○○日		
販売者	○○米穀株式会社 ●●●市△△△△1-2-2 TEL　○○(△△△)○△□×		

複数原料米（表示例②）

名称	精米			
原料玄米	産地	品種	産年	使用割合
	複数原料米 国内産			10割
	新潟県	コシヒカリ	○○年産	9割
	○○県	コシヒカリ	○○年産	1割
内容量	10Kg			
精米年月日	令和○○年○○月○○日			
販売者	○○米穀株式会社 ●●●市△△△△1-2-2 TEL　○○(△△△)○△□×			

資料：農林水産省HPをもとに作成

8 米トレーサビリティ法の仕組み

米の不正流通を防ぐ

2008年、米の卸売業者による「事故米」の不正転売事件が発覚しました。事故米とは、基準値以上の残留農薬が検出されたり、保管時に水濡れやカビが発生したりした米のことで、食用にはできません。これらの米は、農林水産省によって工業用として売り出されましたが、落札した業者が、食用として不正に転売していたのです。転売先には酒造会社や菓子メーカーなども含まれ、食品の安全性や信頼性を大きく揺るがす事件となりました。

この事件をきっかけに、米の不正流通を防ぎ、監視体制を強化しようと、09年に**米トレーサビリティ**法が制定されました。米トレーサビリティ法には、「取引等の記録の作成と保存」「産地情報の伝達」という大きな2本の柱があります。

この法律により、生産者、流通業者、小売業者、飲食店など、米の流通に関わる業者には、取引に関する情報を記録・保存することが義務づけられました。これにより、万が一問題が発生したときに、流通経路をトレースする（跡をたどる）仕組みをつくり、迅速に出荷先を特定できるようにしたのです。同時に、一般消費者に、米や米加工品などの産地情報を伝達するねらいもありました。

法律の対象とされ、記録の作成と保存、産地情報の伝達が義務づけられた食品は、米穀（玄米や精米など）、米粉や米麹《こめこうじ》、米飯類、餅、だんご、米菓、清酒、みりんなどです。

米トレーサビリティ法の運用プロセス

では、米トレーサビリティ法は、どのような手順を踏んで運用されているのでしょうか。

用語

トレーサビリティ 直訳すると「追跡可能性」となり、もともとは計測機器の精度や整合性を示す用語として使われてきたが、最近は、食品の生産・流通過程において用いられるようになった。そのため、食品トレーサビリティとよぶこともある。

生産者が米を食材卸業者に出荷すると、生産者側は出荷、卸側は入荷の記録を残します。以降、卸から加工・製造業者へ、加工・製造業者から食品卸業者へ、食品卸業者から小売店へと取引が行われるたびに、出・入荷記録が残されていくのです。

また廃棄する場合も、その内容を記録として残さなければなりません。事故米事件のときには、事業者は米を廃棄したという説明をしましたが、その記録が残っていなかったため、ほんとうに廃棄されたかどうか判明しない事態に陥りました。これを教訓に、廃棄する場合もお金のやりとりが発生しない取引とみなし、記録を残すことにしたのです。

スーパーや米穀店で売られている米は、すでに「JAS法に基づいた玄米及び精米品質表示基準」により産地表示がなされています。これらに加え、米トレーサビリティ法により、外食店でも店内やメニューに米の産地情報が記載されたり、「産地情報については店員にお尋ねください」などの表記をしたりすることが義務づけられました。

米トレーサビリティの仕組み

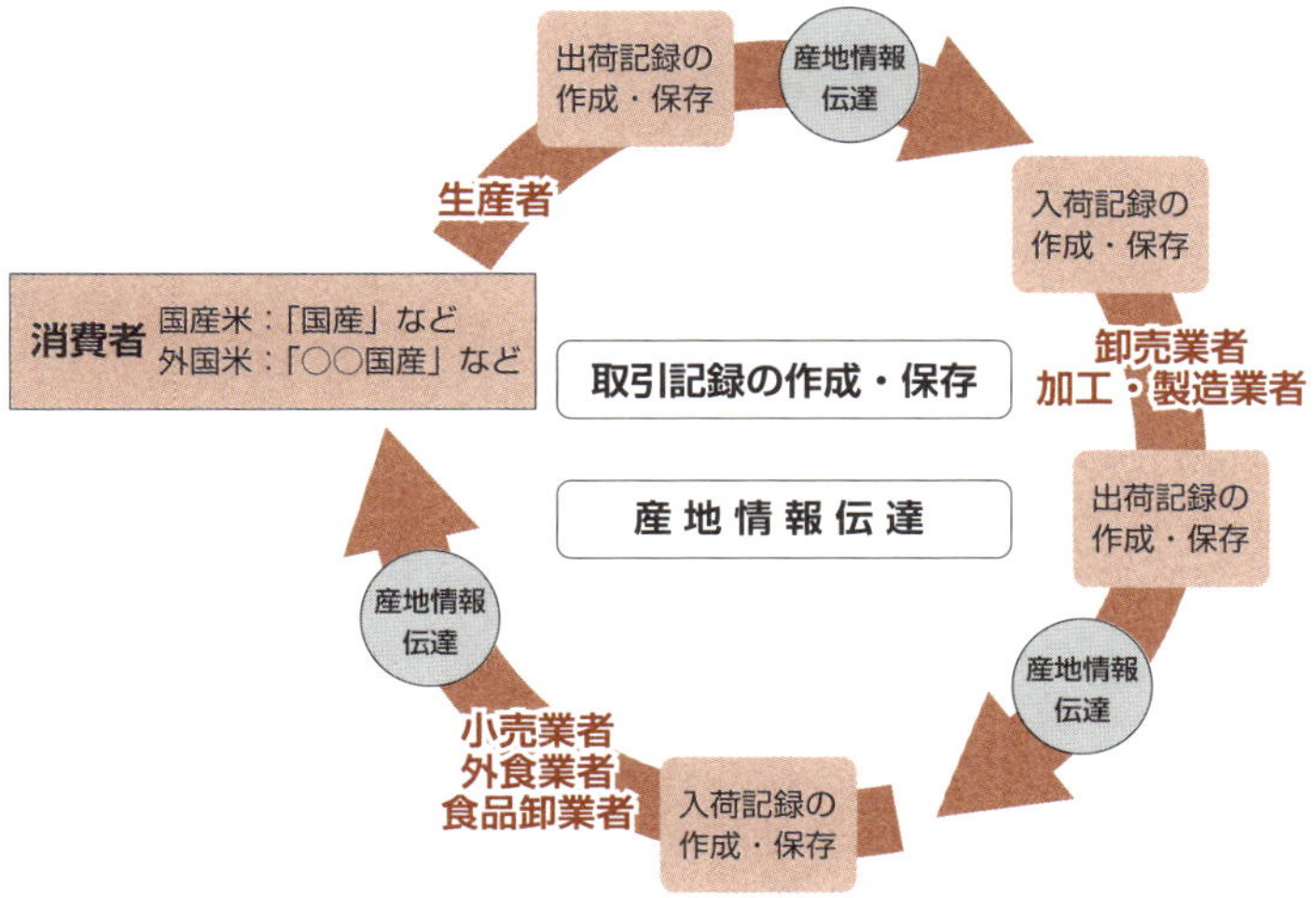

資料：農林水産省HPをもとに作成

用語
JAS法
→62ページ

9 米のコンタミネーションを防ぐには？

消費者の信頼を損なうコンタミネーション

収穫した米に、小石や虫などの異物や、品種や産地が異なる米が混入してしまう事故を、コンタミネーション（コンタミ）とよびます。表示偽装のように悪意を持ったものではなく、意図せざる事故ではありますが、近年の米流通は、米の産地や品種を売りにした「銘柄米」が中心となっているため、消費者からの信頼が下がるという意味では、生産者にとって大きなダメージとなります。JAS法でも、産地から出荷する米には、「表示銘柄以外の混入のない」ことが必須条件とされています。

しかし、農地の規模が大きくなればなるほど、収穫作業から集出荷施設搬入までの段階で、異物の混入（コンタミ）事故が発生しやすくなります。ひとたび事故が発生すると、施設が大型化しているところほど、対象となる米の数量も多く、被害金額も大きくなります。

多くのケースはヒューマンエラーが原因

じつは、コンタミ事故の原因は、ヒューマンエラー（人為的誤り）が多いことがわかっています。

たとえば、収穫・乾燥・出荷作業にともなうコンタミ事故は、家族だけで作業をした場合に発生することがあります。外部から人を雇った場合、各作業段階で、誰が見てもわかるように品種名を明示し、確認を徹底しながら作業を行うことが多いのですが、身内だけだと、つい確認作業が甘くなってしまうこともあるからです。

また、種まきや田植えの段階で品種を取り違え、そのまま収穫されてしまった事例もありました。そのときは大型施設に出荷され、他の農家が出荷した

用語

JAS法
→62ページ

米と混ざり、大規模なコンタミ事故につながりました。この場合も、品種名をよく確認せずに種まきや苗作り、田植えなどをしていたことが原因でした。

前年に飼料用米などを栽培した水田で、食用米を栽培する場合も、注意が必要です。前年の収穫のさいに、土の上にこぼれてしまった飼料用米の種籾《たねもみ》が翌春発芽し、食用米とともに生長し、秋に食用米と混ざった状態で収穫されてしまう危険性があるからです。

収穫してから出荷するまでも、細心の注意を払わねばなりません。異なった品種の米を扱う場合は、**コンバイン**・乾燥機・籾すり機などの機械には、前の品種の籾が残ってしまう可能性があり、保守点検と整備が必須です。とくに、コンバインには籾が残りやすいので、品種別に専用コンバインを用意し、共同利用している地域もあります。

籾の運搬や乾燥のさいも、ていねいな清掃が欠かせません。そして、そのような生産者の細心の気遣いこそがコンタミを防ぎ、消費者の信頼を得ることにつながっていくのです。

コンタミ事故防止の主なポイント

作業	注意点
種子確保	品種固有の純度を保持するため、毎年新しい種子を購入する 使用する種子のロットナンバーを控える
播種	種子の消毒や播種のさいには、品種別の管理を徹底し、品種を切り替えるときには清掃を徹底する
育苗	育苗ハウスは「1品種1棟」を基本とする
田植え	苗運搬などのさいには品種を明確にする 1つの圃場には1品種だけを作付ける
圃場《ほじょう》管理	低アミロース米、もち米などは、隔離生産するか、防風ネットを設置する 前年度と異なる品種を作付けする場合は、「野良生え」に注意する
収穫準備	圃場に空き瓶、空き缶が捨てられていないか点検し、ガラスや金属片が混入しないようにする コンバイン、乾燥機、籾すり機などの保守点検と整備を行い、ていねいに掃除する
収穫	品種を切り替えるときは、コンバインの清掃を徹底する（または、品種ごとに専用コンバインを用意し、共同利用する） 収穫作業を委託する場合は、圃場別に立札などを設置し、品種名を明記する 生籾の搬送器材（軽トラック含む）は、1回ごとに清掃し、残留籾をなくす
乾燥調製	乾燥のさいには、乾燥機に品種名を表示し、品種の取り違えをなくす 乾燥前と品種切り替えのさいには、乾燥機を掃除機などでていねいに清掃する（または、品種ごとに専用乾燥機を設置し、共同利用する） 乾燥機の周辺は、つねに清潔に保ち、こぼれ落ちた籾粒は投入しない 籾すり機、粒選別機は、品種を切り替えるたびにていねいに清掃し、残粒をなくす
出荷	農産物検査を受ける場合には、包装容器に氏名・品種名を荷札・カードなどで明記し、取り違えを防止する

資料：北海道「お米の異品種混入（コンタミ）防止チェックリスト」をもとに作成

用語

コンバイン
→50ページ

10 拡大する自由貿易と市場開放の動き

最低輸入量を約束するMA米とは

「平成の米騒動」と呼ばれた1993年の大凶作の直後に200万tを超える量の米を緊急輸入するまで、日本は何十年にもわたって、米をほとんど輸入していませんでした。しかし95年以降は、自由貿易を推進するGATTが86年に南米ウルグアイで開始した交渉（ラウンド）の合意を受け入れ、米の輸入を制限つきで続けています。

当初は、米の関税化による輸入を受け入れない代わりに、最低限の輸入機会（ミニマムアクセス）を提供するという方式を選びました。1年目の95年は、国内消費量（86‐88年の平均）の4％に相当する42万6000tをミニマムアクセス米（MA米）として輸入し、その後も毎年量を増やし、2000年には国内消費量の8％に当たる85万2000tを輸入するというものでした。しかし、この方式では01年以降もMAの数量枠が拡大を続ける可能性があったため、1999年に関税化に踏みきりました。MA米の輸入は国が一元的に行いますが、MAの枠外で関税を払えば、民間業者も自由に輸入できる仕組みです。その関税は778％（341円／kg）に設定されました。

関税化に移行した後も、MAの枠はそのまま残り、2000年には国内消費量の7・2％相当の76万7000tに達し、その後も上昇する可能性がありましたが、01年に始まったWTOドーハ・ラウンドの農業交渉が進展を見せないため、MA米の輸入数量は、そのまま維持されています。

MA米の主な輸入先国は、アメリカ、タイ、中国、オーストラリア

MA米の輸入が始まって以来、つねに半数近く、

用語

平成の米騒動
→123ページ

GATT
→122ページ

ときにはそれ以上の数量を占めてきた国はアメリカです。次が世界屈指の米輸出国タイ。オーストラリアと中国は年によって順位が入れ替わります。18年度の実績では、アメリカ35・9万t、タイ31・6万t、中国6・9万t、オーストラリア1・5万tでした。

MA米の用途（販売先）は、おもに**中食**・外食向けの主食用が約10％、味噌・焼酎・米菓などの加工用30％、飼料用36％、海外食糧援助用20％、備蓄（在庫）4％です。バイオエタノールの原料に販売された例もあります。

年間約77万tのMA米のうち、最大で10万tまでは、国家貿易の枠内で、輸入業者と国内の実需者（中食・外食業者や加工メーカーなど）が実質的な直接取引をすることが認められています。売買同時契約（SBS）輸入と呼ばれる方式で、主食用として販売されるのは、おもにこのSBS輸入米です。

政府が一括して輸入した後、実需者に売却される場合の価格は、飼料用では1t当たり約2万円。1

米のミニマムアクセス数量の推移

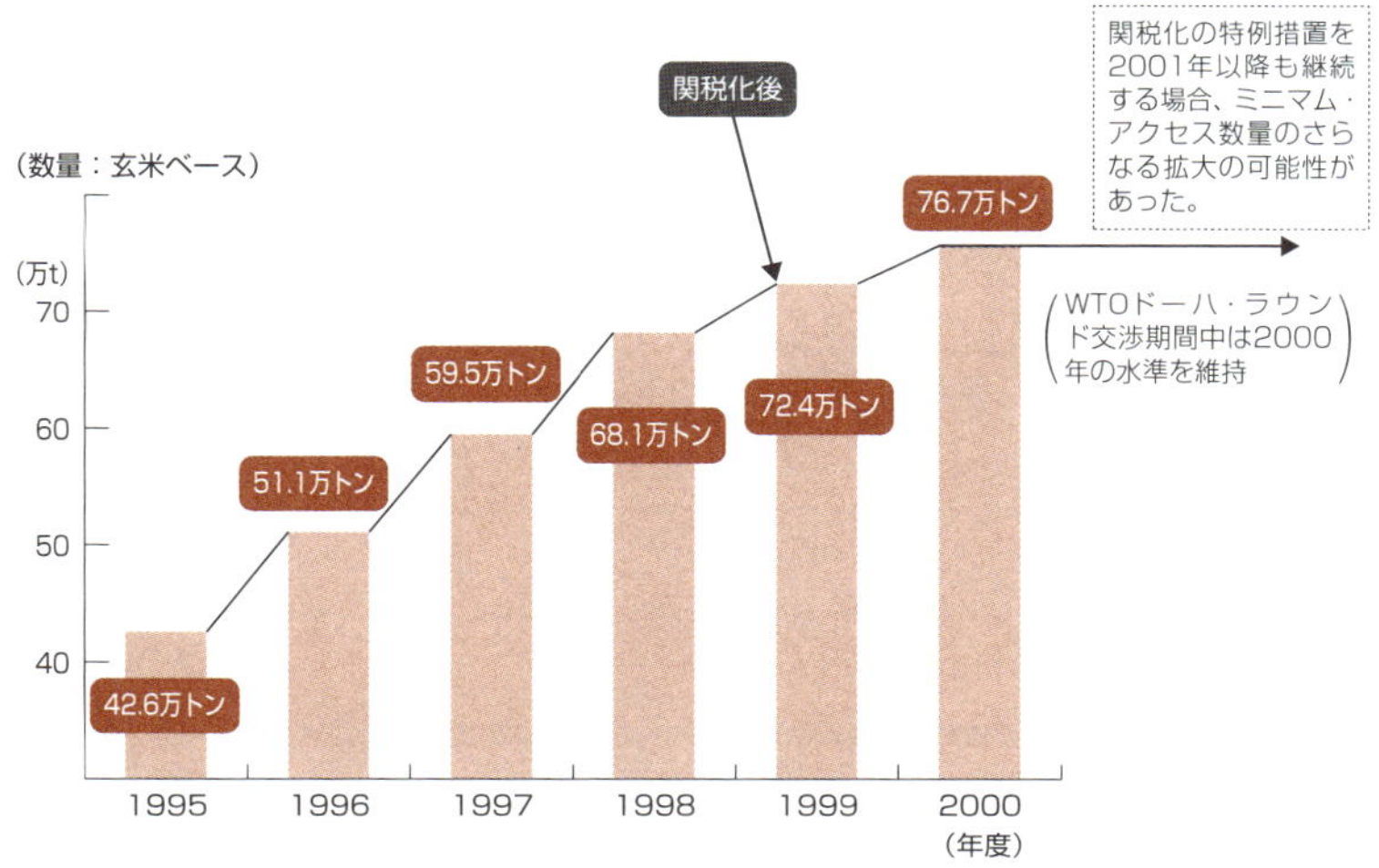

資料：農林水産省「米をめぐる関係資料」（2019年３月）をもとに作成

用語
中食
→134ページ

t約7万円で輸入しているため、50万tを飼料用として売却すれば２５０億円の差損が発生します。１９９９年から3年間だけは、毎年30~60億円の差益が得られ、国庫へ繰り入れましたが、２０１５年には差損がふくれあがり、MA米全体では年間５００億円を超える財政負担が生じています。

なお、MA米の枠外で、３４１円/kgの関税がかかる民間輸入は毎年１００~２００t程度。ほとんどが主食用です。

MA米は、WTO協定の各種ルールに従って運用することが求められ、違反と認定されれば、現行の方式は続けられなくなります。日本向けMA米の最大の輸出国であるアメリカは、SBS以外の一般輸入米が加工・飼料・援助に使われ、一般消費者の間に出回っていない現状を問題視し、また中国は品種などの制約で対日輸出が困難な点に対して批判的です。高い水準の枠外関税についても不満を示しています。

MA米輸入の仕組み

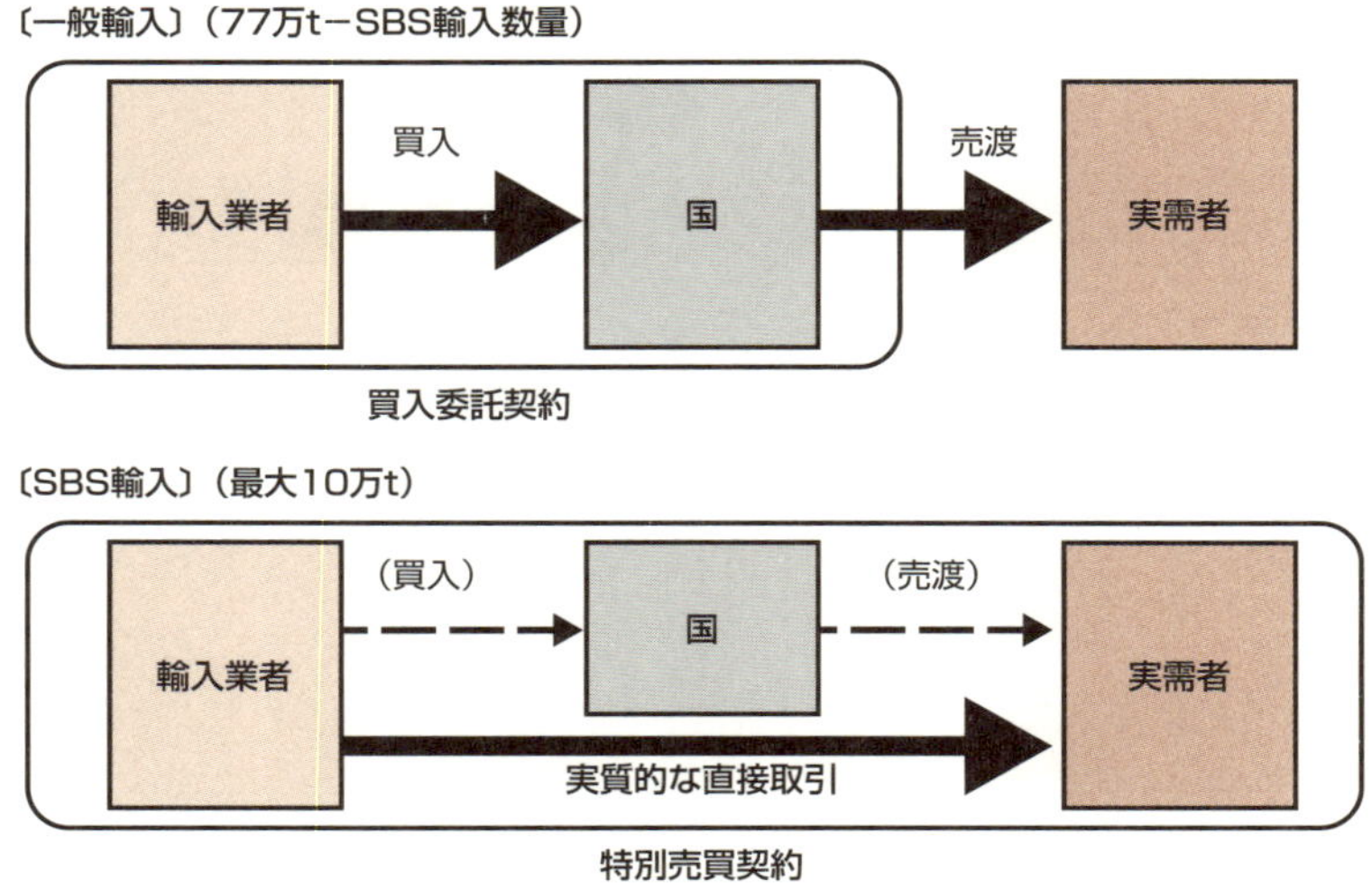

資料：農林水産省「米をめぐる関係資料」(2019年３月)をもとに作成

11 TPP交渉の結果、日本の米はどうなる？

TPPで米の無税輸入枠を新設

WTOドーハ・ラウンド交渉の出口が見えないなか、1990年代以降には、国や地域間での経済圏の形成や自由な貿易を促すために、各国でFTA（自由貿易協定）やEPA（経済連携協定）の交渉・締結が進みました。

FTAは、2つ以上の国や地域で物品やサービスの貿易自由化を行う協定、EPAは貿易の自由化に加えて、人的な交流の拡大、投資の規制の撤廃、競争政策の調和、各分野での協力など、幅広い経済関係の強化を図る協定です。日本は、2002年にシンガポールとの間でEPAを発効して以降、19年現在で18の国や地域とEPAを締結しています。19年2月1日には、EU（欧州連合）と日EU経済連携協定（EPA）を締結したことにより、世界のGDPシェアの28・4%を占めることになり21兆4000億ドルの経済圏が誕生しました。

18年12月30日にはTPP11（包括的及び先進的な環太平洋連携〈パートナーシップ〉協定）が発効しました。TPPは、締結国間では原則としてすべての品目で関税を撤廃するといった高いレベルの自由化をめざし、各国のルールや仕組みを統一することを目的としています。もともとは90年代にニュージーランド、シンガポール、チリが提唱し、2006年にブルネイが参加して4か国で締結されたFTA／EPAでしたが、09年にアメリカが参加表明をして以降、オーストラリア、ペルー、ベトナム、マレーシア、日本、カナダ、メキシコの12か国で協議を進めてきました。しかし、最終的にはアメリカが離脱し、11か国で締結されました。

TPPでは最終的に、農水産物の約82%で関税を撤

用語

WTO
→126ページ

FTA
2国間、または複数国間での自由貿易協定。90%以上の貿易について、原則10年以内の関税撤廃を行うことがWTO協定で規定されている。

廃します。交渉にあたって日本政府は、農産物のなかで米、小麦、甘味資源作物、乳製品、牛肉・豚肉を「重要5品目」に挙げてきました。関税撤廃は免れたものの、どの品目も市場開放に応じることになりました。

その結果、米に関しても国別の輸入枠が新たに設定されました。日本はミニマムアクセスとして年間約77万tの米の輸入枠を設けていますが、これとは別に、オーストラリア向けに無税輸入枠が新設されることになりました。発効1〜3年目の輸入枠は年間6000tで、最終的に13年目以降は8400tに拡大します。

農林水産省は、日本のTPPが国内農林水産業に及ぼす影響を試算しており、全国の農林水産物の生産額は年間900〜1500億円減少する、としています。

日本の稲作への影響はゼロ？

2013年に、農林水産省はTPP交渉参加国に対し関税を撤廃した場合の影響についての試算をしています。米については、約3割が外国産に置き換わり、残ったものについても価格が下がり、生産額では約1兆1000億円が減少するとしていました。

ところが、17年に発表された試算では、生産量や農家所得への影響はないとされました。これは、関税やミニマムアクセスの仕組みが守られたことに加え、無税枠によって増える輸入分と同量の国産米を政府が備蓄用に買い入れることで、市場に出回る米の量が増えないようにする対策をとるためです。また、政府は、これに合わせて生産コストの削減や輸出の促進など、稲作農業の体質強化も行うとしています。

しかし、影響ゼロという政府の試算については、楽観的すぎるという声も少なくありません。

稲作をはじめ日本農業へのさまざまな「ドミノ効果」についての指摘もあります。たとえば、米の価格が下がれば、米産地のなかには野菜栽培に転換するところも出てくるでしょう。これにより野菜の供給量が増えれば、価格が低下して、野菜農家の経営が圧迫されていきます。

また、TPPでは日本の畜産業への大きな打撃が予測され、生産量の減少が見込まれています。すると飼料用米（178ページ）への需要も減ることになり、飼料用米を栽培することで稲作を継続していた農家が、米作りを縮小しなければならなくなる可能性もあります。

食の安全などへの影響も懸念される

米を中心とした農産物の関税が注目されがちですが、TPPは、単なる関税撤廃の協定ではありません。TPPでは、高いレベルの経済連携をめざして、投資や知的財産など、21にわたる幅広い共通ルールが設けられています。こうして自由貿易がさらに進むことで、食の安全が脅かされるのではという懸念もあります。遺伝子組み換え作物については、現在の日本における表示義務は残りましたが、参加国による部会がつくられており、今後、新たに規制が緩和されるおそれがあります。また、輸入した農作物や食品は、到着後48時間以内に税関を通過させなければならなくなるため、安全を確認する検査が十分に行えなくなるのではないかと心配されています。

TPP11の主な合意内容

米	・無税輸入枠を新設（オーストラリア8400t）
麦	・事実上の関税のマークアップ（売買差益）を9年目までに45%削減 ・特別輸入枠を新設（小麦10.3万t、大麦6.5万t）
牛肉	・関税（38.5%）を9%まで段階的に削減
豚肉	・低価格帯の従量税（1kg482円）を50円まで段階的に削減
乳製品	・脱脂粉乳・バターで低関税輸入枠（ニュージーランド、オーストラリアに計7万t）
甘味資源作物	・加糖調整品に低関税輸入枠（計9.6万t）

資料：日本農業新聞

12 日本米の海外進出の可能性を探る

香港やシンガポールを中心に輸出が増加

日本国内の米市場は、少子・高齢化や人口減少も重なって縮小傾向にあります。その一方で海外に目を向けると、日本食ブームが続き、いまや日本食レストランは世界各国に広がっています。2013年に「和食：日本人の伝統的な食文化」がユネスコの**無形文化遺産**に登録されたことから、日本食ブームは今後ますます盛り上がっていくと予測されます。

こうしたブームを背景に、日本米の輸出も増え続けています。14年の輸出合計は、4516t、14億2800万円でしたが、18年には1万3794t、37億5600万円にまで伸びています。主な輸出先は、香港、シンガポール、アメリカ、台湾、中国などです。

背景としては、アジア諸国の所得水準が向上し、新興国を中心に食の高度化や多様化が進んでいることが挙げられます。輸出量で第2位のシンガポールは、国民1人当たりの総所得が、アジア第1位（国際通貨基金〈IMF〉2018）の国です。14年のシンガポールへの輸出量は1295万tでしたが、18年には3161万tまで増加し、輸出量全体の4分の1近くを占めるまでになりました。

現地ニーズをつかみ、市場を拓く

中国産やアメリカ産に比べて高価な日本米は、品質（おいしさ・安全性）で勝負するしかありません。日本で**精米**して輸出すると、現地の店頭に長く並んでいる間に品質が劣化する問題も発生します。香港では、この問題を解決するために精米機を設置し、日本から送った玄米を現地で精米。品質向上とコストダウンの両方を実現しました。

用語

無形文化遺産
祭りや口承文芸、社会的習慣など、無形の文化を保護するためのもので、国連の専門機関ユネスコが認定する。日本からは、「和食：日本人の伝統的な食文化」以外にも、「歌舞伎」や沖縄の「組踊」、北海道の「アイヌの古式舞踊」など21の文化が認定されている（2018年時点）。ちなみに、石川県の「奥能登のあえのこと」、宮城県の「秋保《あきう》の田植踊」、広島の「壬生の花田植え」など、稲作に関係するものも多数含まれている。

精米
→19ページ

日本を訪れた中国人観光客が、高級な全自動炊飯器を何台も土産に買って帰国する姿は、「爆買い」の象徴にもなりました。日本で開発された高性能炊飯器の普及が日本米の輸出増につながるとの期待感も生まれましたが、その後、炊飯には水質も重要との認識が広まっています。日本式のご飯に適した軟水が、簡単には得られない地域が多いのです。

炊飯器や水がなくても、おいしいご飯が簡単に食べられる無菌包装米飯（パック米飯）の国内生産量が、10年の約10万tから17年には16万t台に増加しています。その17年に、農林水産省の支援を受けた輸出促進団体が、成田空港や関西空港で中国人観光客を対象にパック米飯を無料配布。このキャンペーンは北京や上海など中国5都市の百貨店などでも実施され、合計10万食を配りました。

パック米飯の輸出量は18年度343tで、前年比11％増と好調です。需要の中心は現地在住の日本人とのことですが、パック米飯は日本米のおいしさをダイレクトに外国に伝える役割も帯びています。

日本から海外への米の輸出量

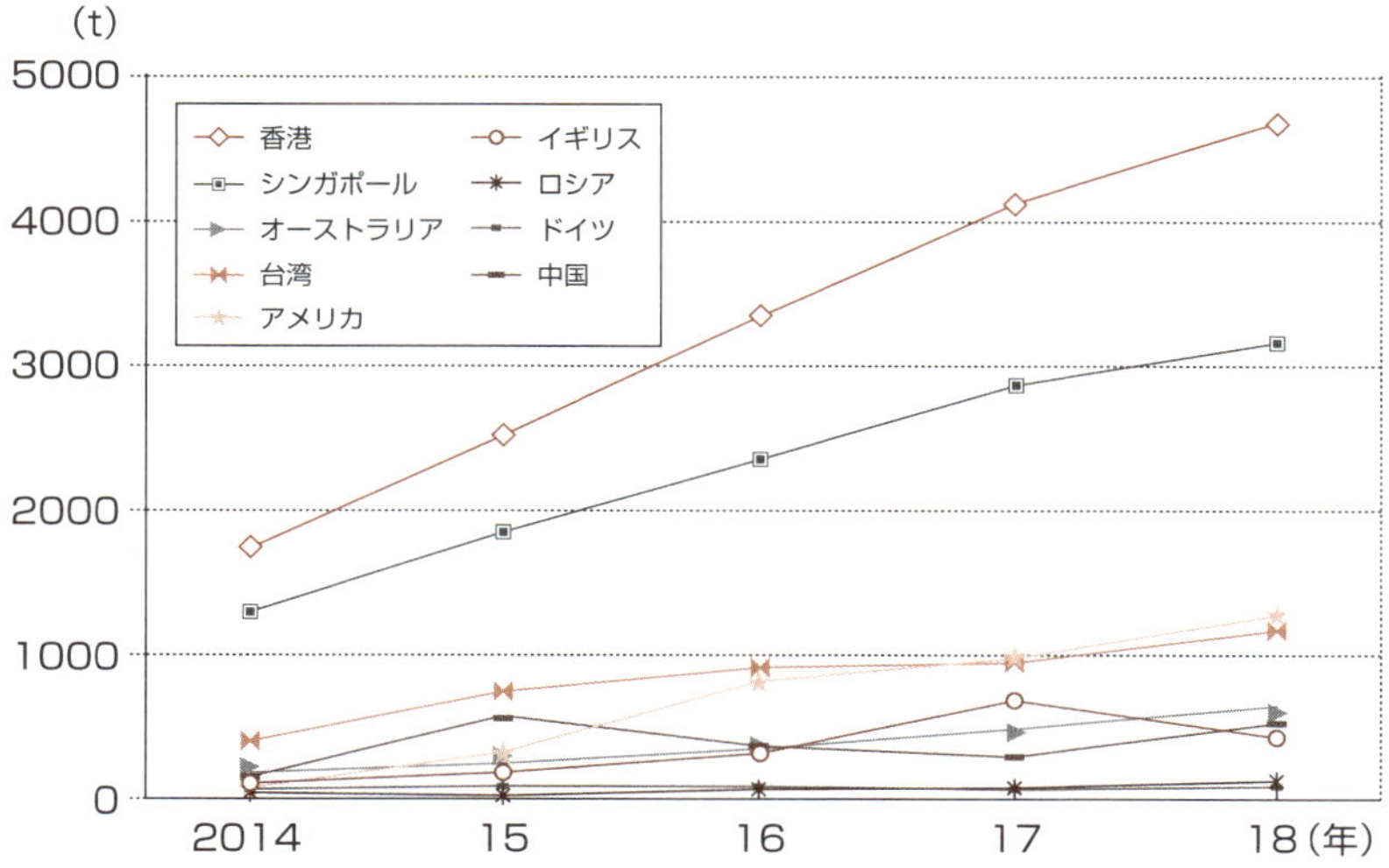

資料：財務省「貿易統計」

コラム

コンビニが担う米消費

恵方巻きが光を当てた食品ロスの問題

コンビニエンスストアが販売することで、恵方巻きは全国に広まりました。2月の節分に、その年の縁起が良いとされる方角（恵方）を向き、願いごとを念じながら無言で太い巻き寿司を一気に食べる……。発祥については諸説ありますが、昭和初期には大阪船場の商人たちの間で節分の「丸かじりずし」が定着していたそうです。

1983年にファミリーマートが大阪府と兵庫県で販売を始め、89年にはセブン-イレブンが広島市を皮切りに販売エリアを広げ、スーパーやデパートの売り場にも並ぶようになりました。2018年には市場規模が615億円、日本人の6割以上が節分に恵方巻きを食べたと推計されています。

19年に恵方巻きへの注目が再び高まったのは、農林水産省がコンビニやスーパーの業界団体に対して「需要に見合った販売をするように」と文書で要請したからです。近年、販売競争の過熱が招く大量の売れ残りと廃棄は、ネット空間でも問題視されていました。恵方巻きは、米の新しい食べ方を広め、今度は食品ロス（食べられるのに捨てられる食品）について考えるきっかけを提供しました。

コンビニおにぎりを定着させたツナマヨ

年に１度の恵方巻きとは違い、1年中コンビニだけでなくスーパーやデパ地下の総菜売り場にも欠かせないものがおにぎりです。1978年にパリパリののりが味わえる包装フィルムが開発され、83年発売の「シーチキンマヨネーズ」（ツナマヨ）が大ヒットし、コンビニ商品として不動の地位を獲得しました。

その後も、包装の工夫、精米や炊飯、ご飯を成型する方法の改良、新しい具材や味つけなど、商品開発が続いています。2018年にはローソンが、白だしで炊いたご飯に、天かす・青のり・天つゆを混ぜ込んだ「悪魔のおにぎり」をヒットさせ、そのバリエーションを広げています。おにぎりの年間販売量はコンビニだけで推計60億個。1人が1年に44個食べていることになります。

総菜や弁当は、レストランなどでの外食、家庭で作る内食と区別し、中食と呼ばれます。市場規模は2018年に初めて10兆円を超えました。その46%を弁当やおにぎりなどの「米飯類」が占めています。国内の米消費量が減り続けるなかで、中食における米消費は、引き続き成長を続けています。

この中食市場全体の3分の１近くを占めているのがコンビニです。ご飯の新しい味わい方を次々に提案するコンビニの商品開発力、そして便利さが、日本の米消費の一翼を担っています。

第6章

これからの米作りと消費拡大の可能性を探る

1

規模を拡大すればコスト削減できるのか？

水田10a当たりの販売利益は約2万円

現在の米の収穫量は、全国平均で水田10a当たり532kgです（2018年）。では、10a当たり500kg以上の収穫がある現在の農家の収入は、どれくらいなのでしょうか。

10a当たりの米の販売額は、13万9000円ほどです。生産コストは11万3000円ほどですから、10a当たりで2万6000円の販売利益があがることになります。

内訳を、少し詳しくみてみましょう。玄米60kg（1俵）当たりの取引価格は、1万5686円（18年産米・全銘柄平均価格）でしたから、10a当たりの売り上げは13万9082円だったことになります。

農林水産省によると、米の生産にかかる10a当たり費用は全国平均で11万3223円（2017年・資本利子や地代を除く）でした。

米の生産コストのうち、約70％は物財費です。内訳は、農機具費がもっとも多く22％、賃借料および料金が10％、肥料費8％、農薬費7％と続きます。農業機材・資材の占める比率が高いことがわかります。残りの約30％は農家の労働費で、3万5028円です。販売利益にこの労働費をプラスしたものが農家の実質所持となり、10a当たり6万1000円ほどになります。

ただし、これらの数字は、あくまで個別経営の平均値です。じつは、米の生産コストは、経営規模によって、大きく異なっています。0・5ha未満の場合は、10a当たり年間約18万円かかっていますが、5～7haの場合は、半分の8万9000円程度まで下がります。しかし、それ以上規模が拡大しても生産コストはあまり下がりません。

規模が大きくなれば、新たに大型農業機械を導入しなければならなくなり、雇用しなければならない人数も増え、また、農地の分散も大きくなることから、経営の効率が落ちるためです。

コスト低減に向けた取り組み

米の生産コストを削減するためには、担い手への農地集積・集約が必要になります。13年に農林水産省では、今後10年間（23年まで）で担い手の米の生産コストを現状全国平均（16001円／60kg）から4割低減（9600円／60kg）し、所得を向上させることや、全農地面積の8割を担い手に集積することを目標に掲げています。このために、大規模経営に適合した省力栽培技術の開発・普及を進め、育苗や田植えを省略できる直播《ちょくはん》栽培や、育苗箱の数を減らして資材費を削減できる密苗栽培、面積当たり収量の高い多収品種の育成などの取り組みも行われています。さらに、産業界とも連携し、農機具や肥料などの生産資材費用の低減も推進しています。

10a当たりの米の生産コスト（2017年産）

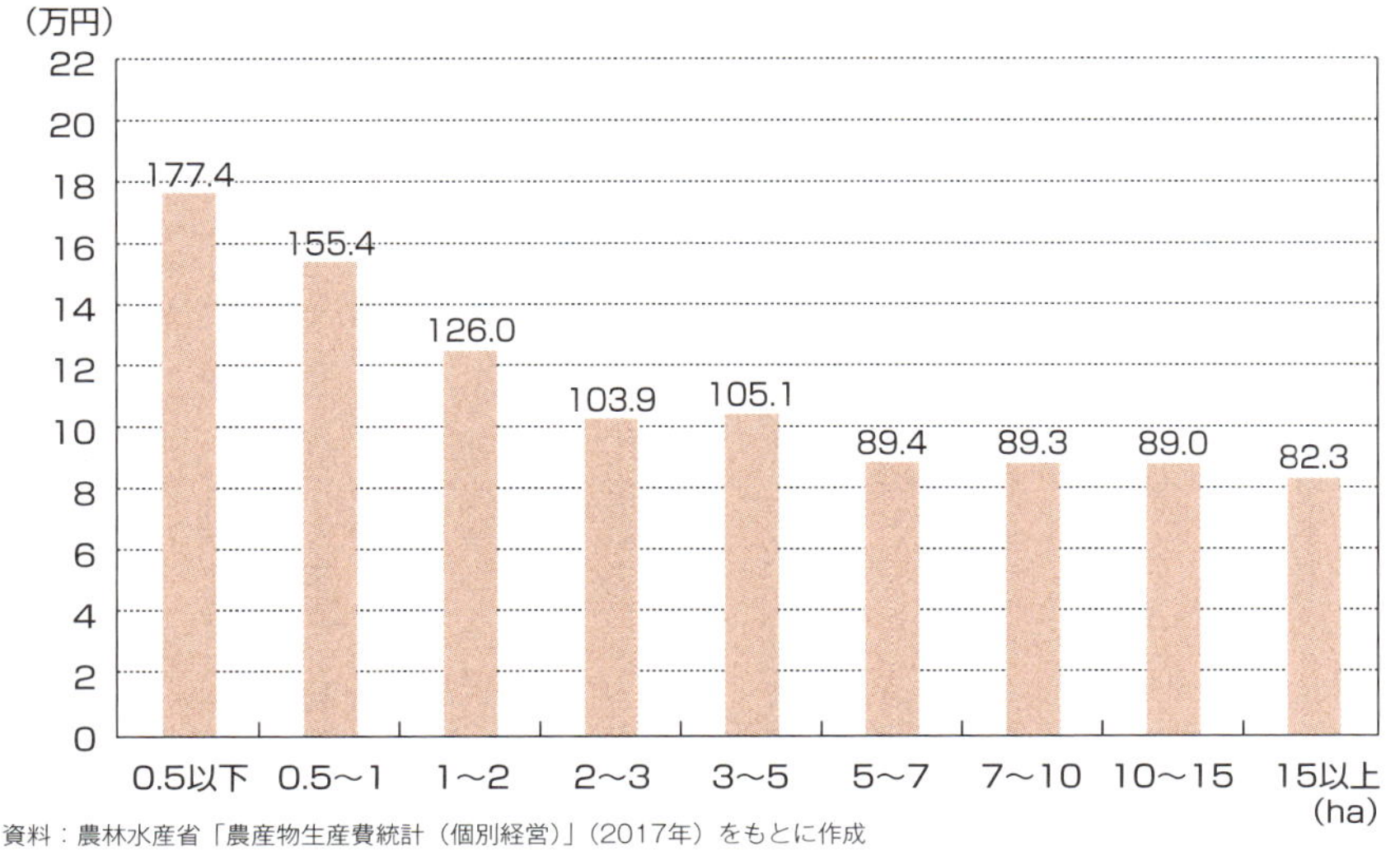

資料：農林水産省「農産物生産費統計（個別経営）」（2017年）をもとに作成

2 直播栽培のメリットと普及の見込み

直播栽培で省力化とコスト削減

現在の日本では、苗を育てて田植えをする「移植栽培」が一般的ですが、近年、種籾《たねもみ》を直接田んぼにまき、そのまま育てる「直播栽培」が少しずつ増えています。ちなみに、アメリカやイタリアなどではすべての米が直播栽培されています。

直播栽培のメリットは、育苗や植えつけなど、田植えに関する手間のかかる作業がなくなることです。農林水産省の調査によれば、直播栽培は移植栽培に比べ、10ａ当たりの労働時間が、25％少なくなっています。田植えのさいに重い苗を運ぶこともなくなりますから、農家の高齢化にも対応できます。

また、育苗に使うハウスや機械も不要になるため、生産コストも下げられます。10ａ当たりで11％削減されています。

また、直播栽培は移植栽培に比べ10日～2週間程度、収穫時期が遅くなるため、2種類の栽培方法を組み合わせることで、収穫作業の労働ピークを分散させることができます。

収量は1割ほど減少

しかし、利点ばかりではありません。生産コストが軽減できる半面、移植栽培に比べ収穫量は1割ほど少なくなります。また、移植栽培に比べ天候の影響を受けやすく、発芽や苗の生長がうまくいかない場合もあります。また、雑草対策や、鳥に種籾を食べられる鳥害対策などの難しさも指摘されています。

日本全国でみると、直播栽培の割合はまだわずか2・3％（2017年度）にとどまっていますが、直播栽培の割合は年々高まっています。

直播栽培の技術

直播栽培の技術についても、簡単にふれておきます。直播栽培には、耕起・整地後に水を張った田んぼや代《しろ》かき後の田んぼに種籾をまく「湛水《たんすい》直播」と、乾いた田んぼに種籾をまき、その後に田んぼに水を張る「乾田《かんでん》直播」の2種類があります。

湛水直播には、条《すじ》に種籾をまく「条まき」、スポットにまく「点まき」、動力散布機やラジコンヘリなどを使う「ばらまき」の3つの方法があります。

乾田直播では、種籾をまく前に田んぼを耕す耕起栽培と耕さない不耕起栽培の2つの方法があります。耕起栽培では、麦の種まき用の機械を利用できます。不耕起栽培では、労働時間のさらなる短縮が可能になります。

直播で注目されるのが、種籾を鉄粉で覆った「鉄コーティング種子」です。これを使うと、種まき後に種籾が水面に浮き上がってしまうことや、スズメによる食害を防ぐことができます。

移植栽培と直播栽培の代表的作業

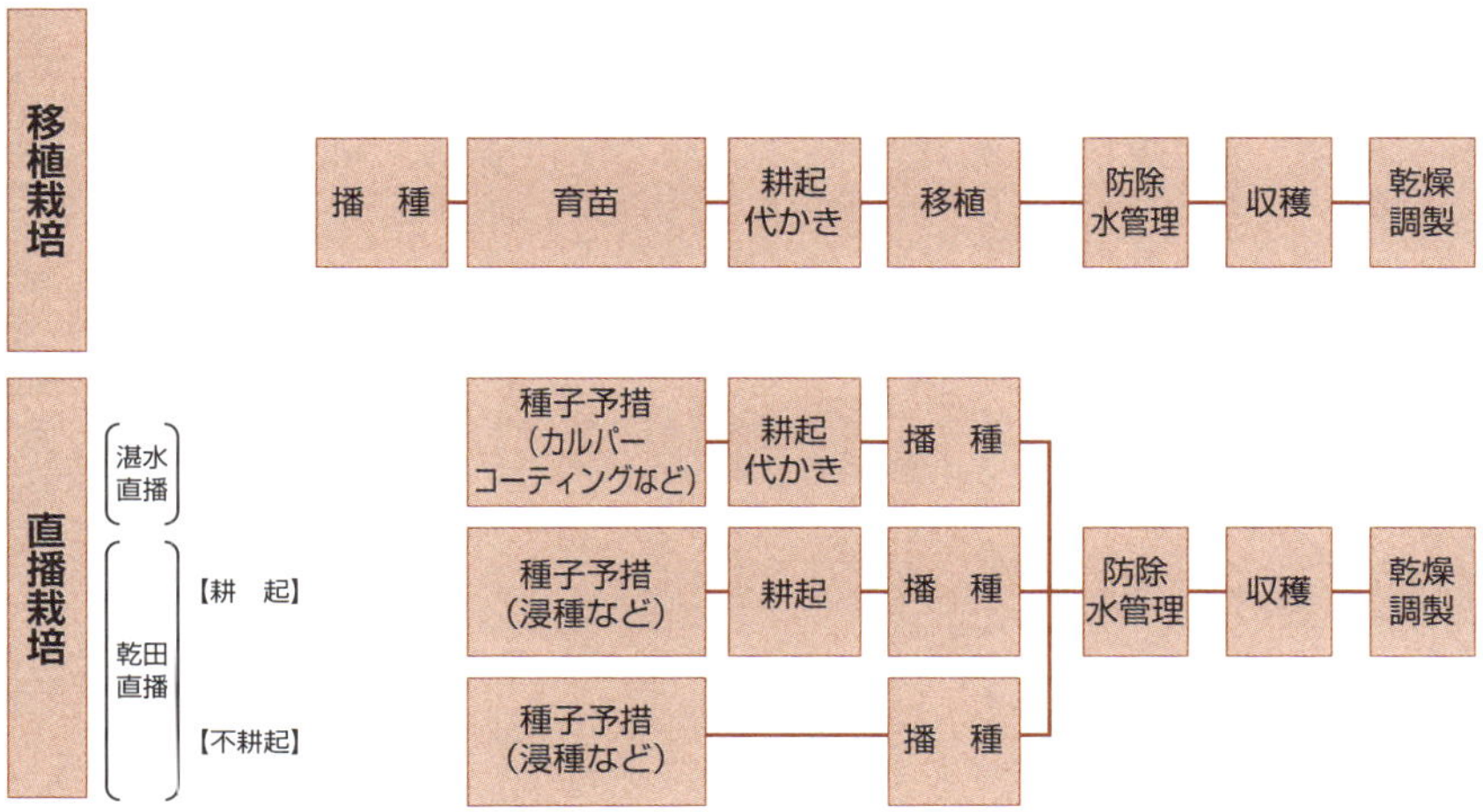

資料：農林水産省「米の直播技術等の現状」をもとに作成

3 地球温暖化に対する栽培技術と新品種

高温による白未熟粒が増加

近年、地球温暖化の影響で、稲にデンプンが蓄えられる登熟《とうじゅく》期の気温が高くなり、米の品質が落ちていることが問題になっています。登熟期の気温が高いと、デンプンの蓄積が不十分な**白《しろ》未《み》熟粒《じゅくりゅう》**が多発するからです。また、高温は収量の低下も招きます。そのため、全国各地で対応策が研究され、試行錯誤を重ねています。

気温の上昇が米の品質や収量にどの程度影響するかは、田植えの時期と密接に関係します。田植えの時期が遅くなれば、出穂《しゅっすい》を遅らせることができ、影響をやわらげることができるからです。

たとえば富山県では、2002年までは田植えのピークが5月3日頃だったため、気温がもっとも高くなる7月に出穂してしまうことがありました。その結果、1999年以降は1等米の比率が下がり始め、2002年には60％以下まで低下しています。

そこで、県やJAでつくる対策本部は、03年以降、県内全域で田植えの時期を5月10～15日まで遅らせるよう指導しました。田植え時期の繰り下げは数年間で定着し、出穂期を8月5日前後まで遅らせることが可能になり、以前の1等米比率まで回復しました。

栽培技術の工夫と新品種の開発

田植え以外にも、さまざまな工夫が模索されています。たとえば、生育期の後半に地中の**窒素**が不足すると、高温の影響を受けやすくなるため、施肥方法の研究が進められています。

地中の窒素不足を防ぐためには、密植を避け、適正な密度での植えつけも重要です。たとえば、富山県の平坦地では、3・3㎡当たり60～70株を基準と

用語

白未熟粒
受精した籾は細胞分裂をし、その後、細胞ごとにデンプンが蓄積されていく（登熟期）。この時期に高温などの影響を受けると、デンプンが十分に蓄積されないまま、登熟が終了してしまう。デンプンの蓄積の十分でない細胞には隙間ができ、ここに光が乱反射するため白く見える。白濁する部位によって、玄米の中心部が白く濁る「乳白米」、背の部分や胚付近が濁る「背白米」などに分けられる。

窒素
↓42ページ

しています。

また、稲刈りの前には田んぼから水を落としますが、落水するのが早すぎると、稲の勢いが衰え、白未熟粒が発生する原因になることもわかりました。

品種改良によって温暖化に対応していこうという動きもみられます。九州では、01年以降、高温によって1等米比率が下がる傾向にありました。そこで、宮崎県農業試験場では、これまでの主力品種であった『ヒノヒカリ』よりも暑さに強く、高温でもしっかりと登熟する『おてんとそだち』を育成しました。この新品種は、『ヒノヒカリ』と同等の食味のよさがあり、倒れにくいという特徴もあることから、11年から県内で普及が進んでいます。

西日本各地では、高温に強い新品種として、『元気つくし』(福岡)、『さがびより』(佐賀)、『くまさんの力』(熊本)、『あきほなみ』(鹿児島)、『おいでまい』(香川)などが育成されています。また東日本では、『つや姫』(山形)、『彩りのきずな』(埼玉)などがあります。

九州地区の1等米比率

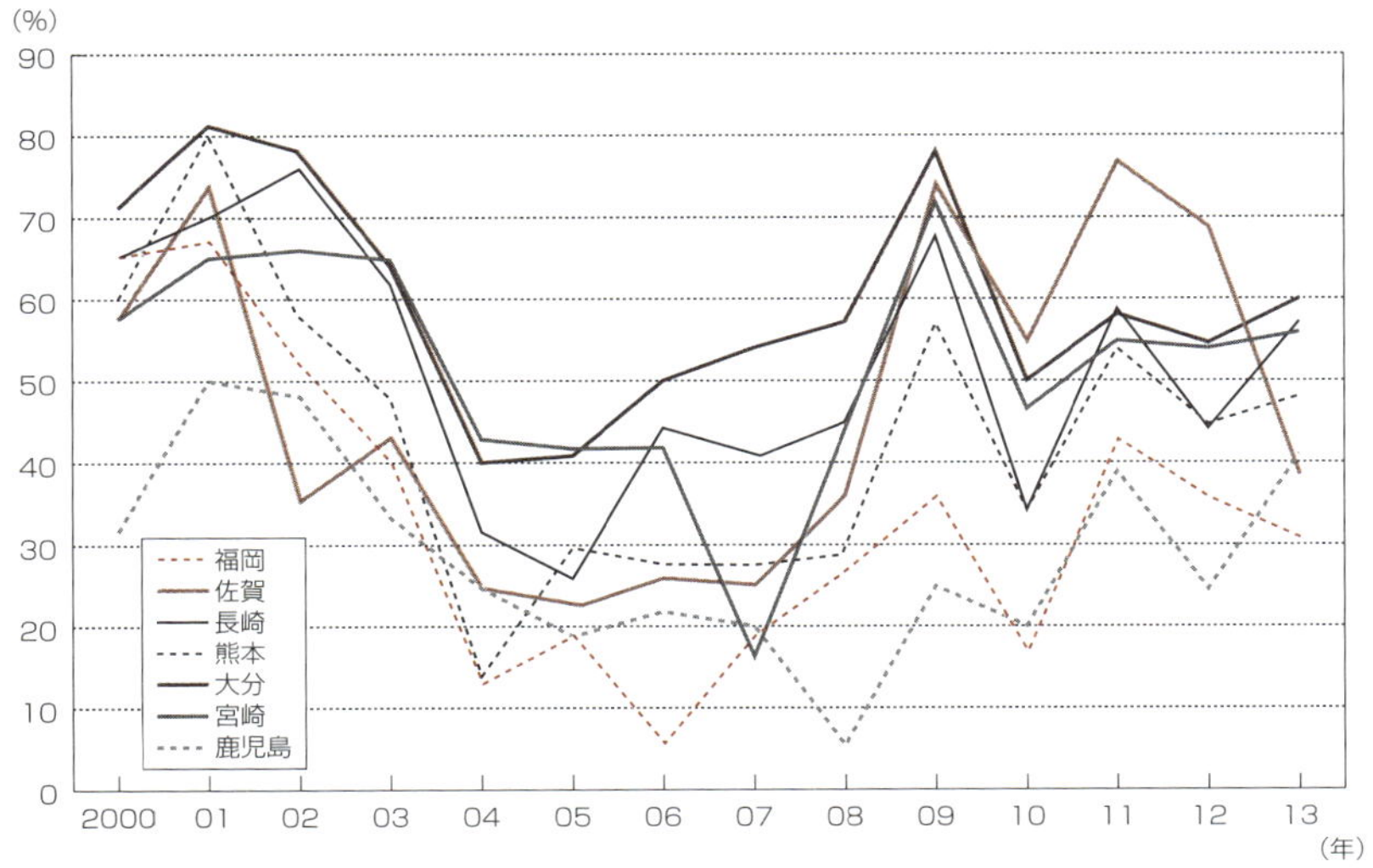

資料：農林水産省HPをもとに作成

稲の高温障害への対応

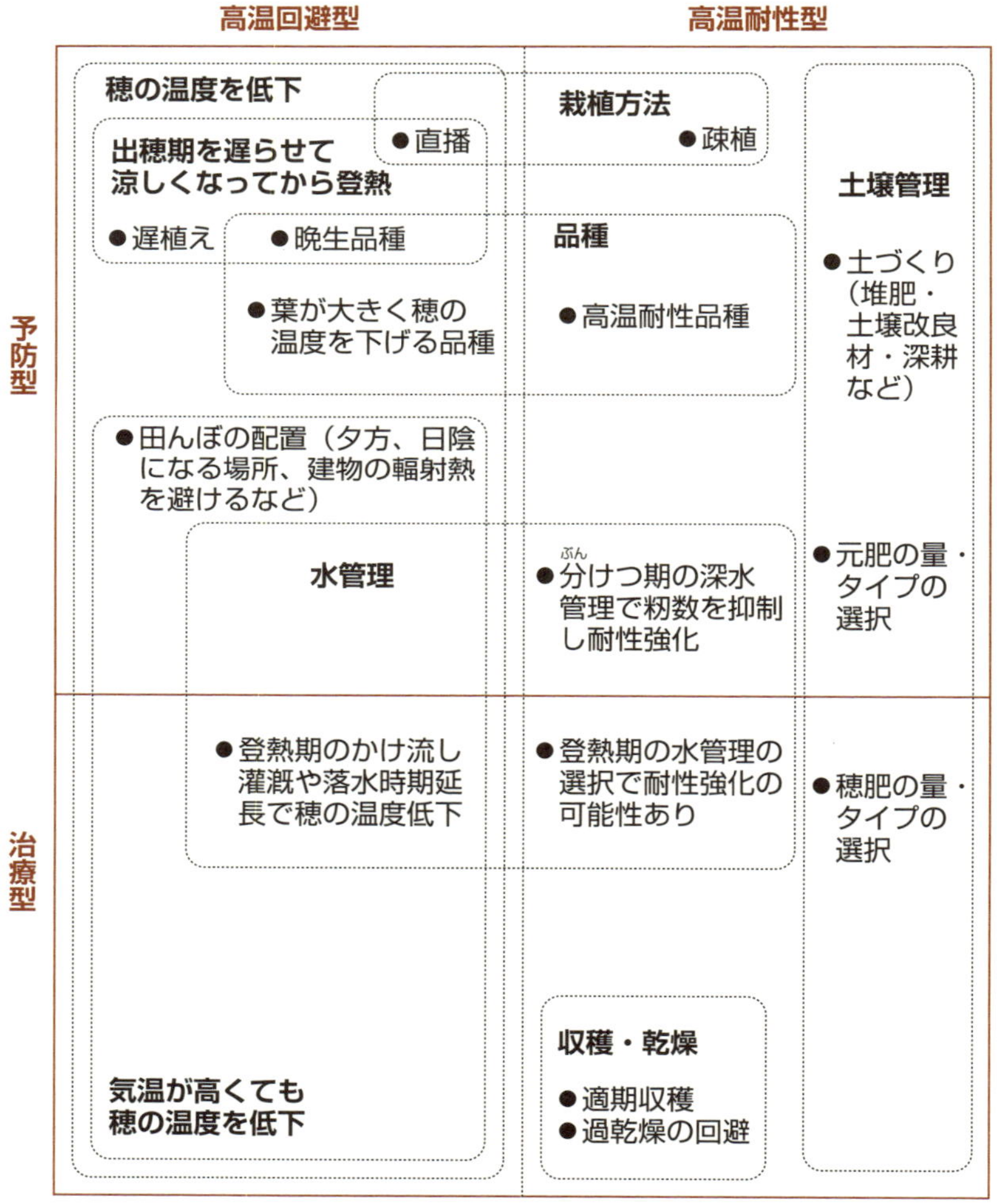

資料：農業・食品産業技術総合研究機構九州沖縄農業研究センター
「水稲の高温登熟障害対策技術」をもとに作成

4 イネゲノムの解析で効率化する品種改良

イネゲノムを解析し遺伝子を特定する

親から子や孫に同じ性質が伝わることを遺伝といいます。遺伝においてだいじな役割を果たすのが、生物の細胞の核の中にある、DNAという物質です。

DNAはとても細長く、幅は髪の毛の4万分の1（100万分の2㎜）ほどですが、長さは2mに達します。この2mの中に、たくさんの遺伝情報が書き込まれています。書き込まれた遺伝情報のことを、「遺伝子」といいます。

DNAは、4種類の塩基とよばれる物質からできています。遺伝子は、これら複数の塩基を組み合わせたものです。塩基の組み合わせを解析すれば、DNAがどのようにできているかを知ることができ、これを**ゲノム**解析といいます。

稲のゲノム解析は1991年に始まりました。98

DNAの二重らせん模式図

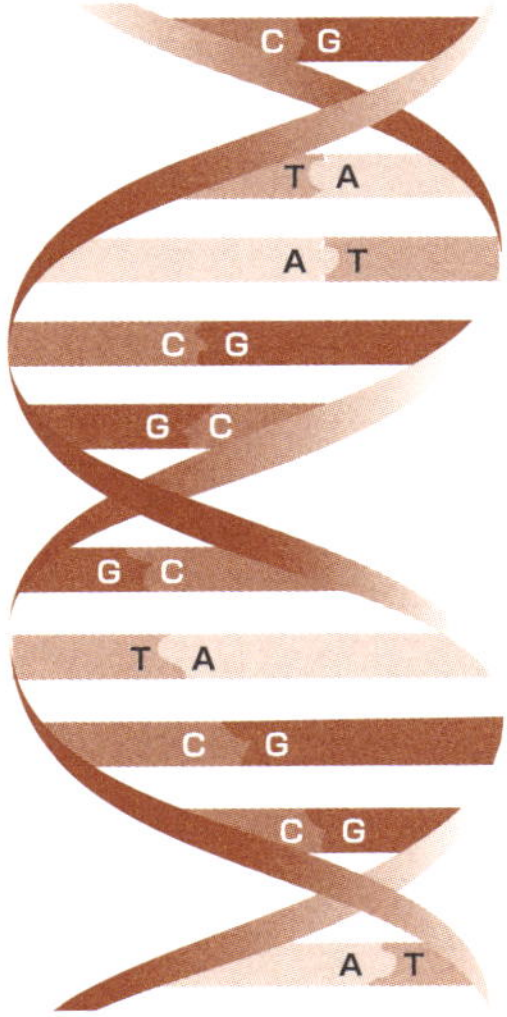

DNAは、アデニン(A)、チミン(T)、グアニン(G)、シトシン(C)という物質（塩基）が対になって二重らせん状になって連なっている

資料：家の光協会『地上』をもとに作成

用語
ゲノム
→70ページ

年からは、日本を含めた10か国による「国際イネゲノム塩基配列解析プロジェクト」がスタートし、各国が分担して解析を進め、2004年にすべての解読を終えました。その結果、稲のDNAは3・9億対の塩基からできていることが判明しました。

そして、どのような塩基の組み合わせが、どのような遺伝子として働くかということも、徐々にわかってきました。これまでに、種子の数や草丈、茎の本数、出穂期を決める遺伝子が特定されています。

塩基配列に注目したDNAマーカー育種法

遺伝子の特定、そしてその遺伝子がそこにあることの目印となる塩基の配列の発見は、稲の品種改良に、大きな進歩をもたらしました。

たとえば、味はよいが、病気に弱いAという稲があったとします。そこで、味は悪いが病気に強いBという品種を掛け合わせ（交配）、味がよく病気に強い稲を育種しようとしたとします。

これまでの育種法では、AとBを掛け合わせ、Cという稲を作ります。Cは、病気に強い遺伝子を持ちますが、同時に味が悪いという遺伝子も持っています。味は、Aと同じにしたいので、今度はCにAを掛け合わせます。そして、誕生した稲の中から病気に強いものを選び（選抜）、さらに交配と選抜を繰り返します。そして、最終的に味もよく病気に強い品種が誕生するわけですが、この方法だと、10年以上の月日がかかりました。

もし、Aが持っている「味がよい遺伝子」と、Bが持っている「病気に強い遺伝子」が特定できたらどうでしょうか。交雑して誕生した稲の中から、それぞれの遺伝子を持った個体を選び出し、効率的な交配を繰り返すことができます。すると、品種改良にかかる時間は、大幅に短縮されます。このような特定の塩基配列に注目した育種方法を、DNAマーカー育種といいます。この手法を使って、**いもち病**耐性を持ち、丈が短く倒れにくいという特性のある『コシヒカリ富筑SDBL1号』が開発され、わずか3年弱で品種の登録出願が行われました。

用語

いもち病 →28ページ

イネのゲノムマップ

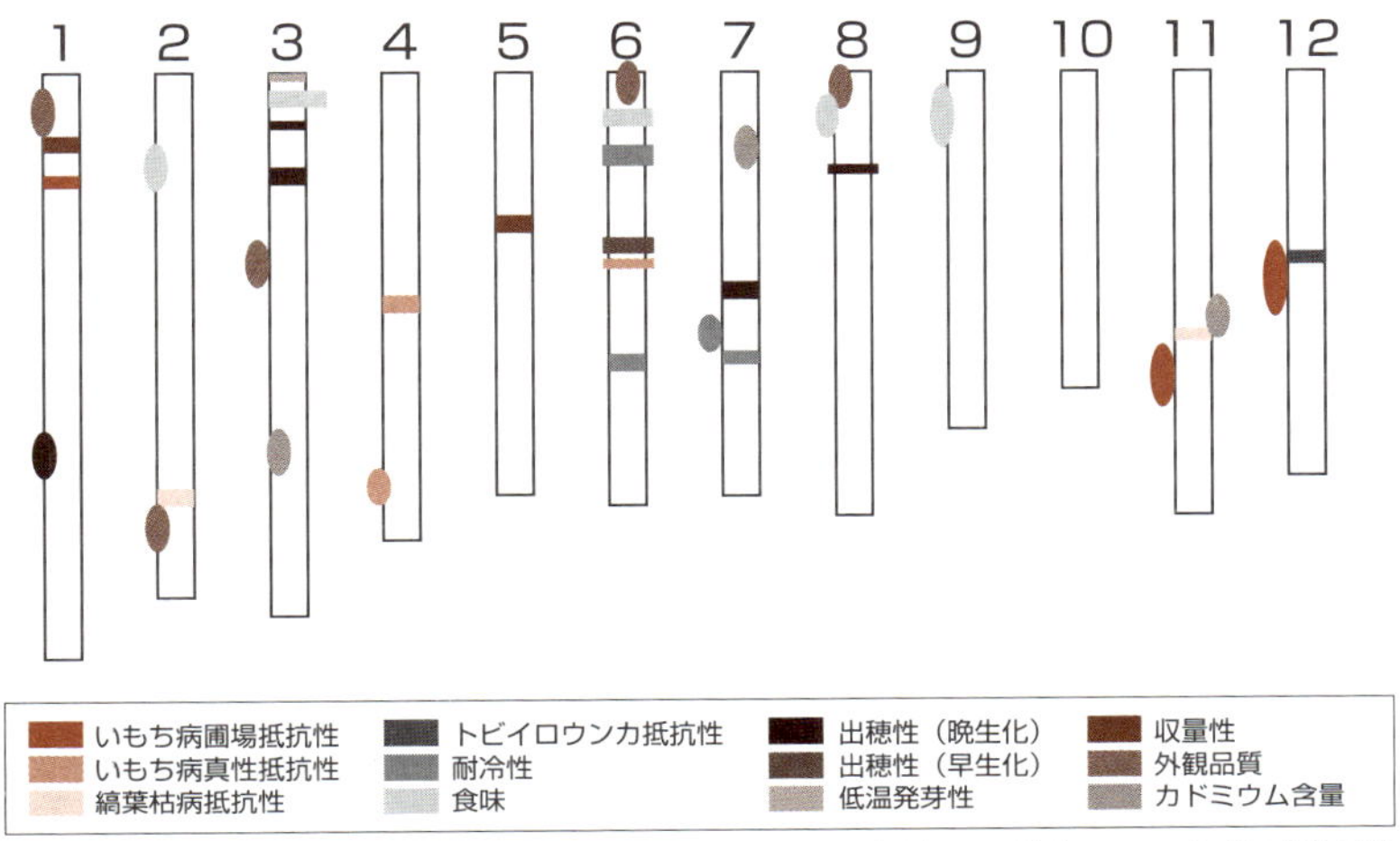

イネには12の染色体（DNAが集まったもの）がある。その塩基配列を解析したのがゲノムマップ。どの部分がどのような働きをしているかの解析が進められており、いもち病への抵抗性を持つ部分の位置などが特定されている。

資料：農林水産省HPをもとに作成

DNAマーカー育種のイメージ

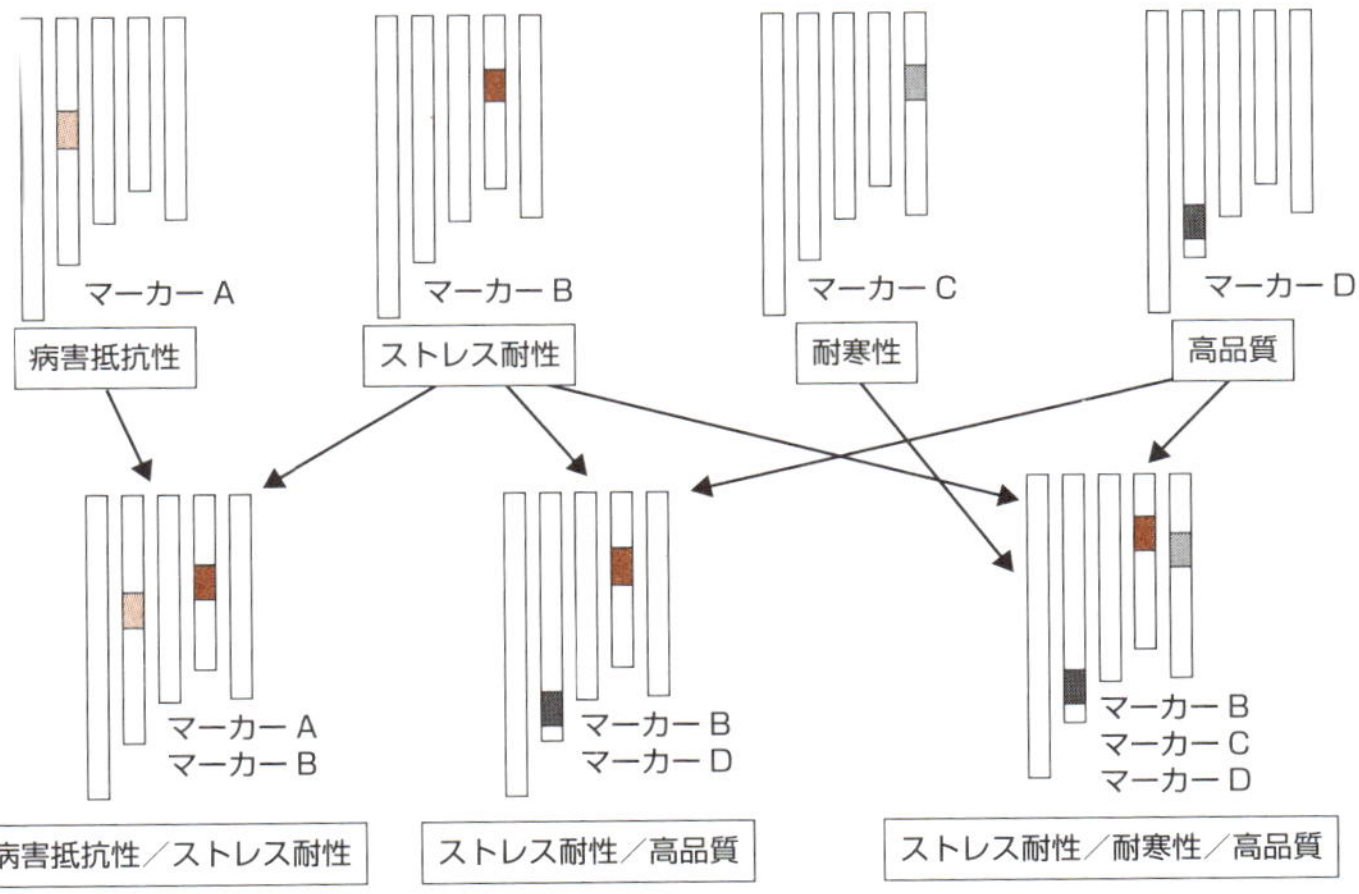

交配によって誕生した個体の塩基配列を調べ、残したい遺伝子を持っている個体を選抜する。

資料：農林水産省HPをもとに作成

5 機能性を高めた新品種も続々登場

粘りを調整した「アミロース米」

米の主成分のデンプンは、**アミロース**と**アミロペクチン**に分けられます。アミロースの割合が低いと米の粘りが強く、高いとぱさぱさとした食感になります。この性質を生かした米が開発されています。

低アミロース米　『コシヒカリ』『あきたこまち』など日本のうるち米のデンプンは、アミロース含有率が17～23％ですが、もち米はゼロです。両者の中間の成分を持つ米が、品種改良によって誕生した低アミロース米です。炊いたご飯は粘りが強く、冷めてもおいしいと好評で、各地の気候風土に合った品種が開発されています。『ゆめぴりか』（北海道）や『スノーパール』（東北）、『ミルキークイーン』（関東以西）、『姫ごのみ』（中国）、『ぴかまる』（九州）などの品種が知られています。

高アミロース米　アミロース含有率が27％以上の粘りの弱い品種です。炊いたご飯はポロポロとし、冷めるとかたくなるため、カレーやチャーハン、米粉麺に向いています。『夢十色』や『越のかおり』（関西以西）、『北瑞穂』（北海道）などの品種が知られています。消化されにくいレジスタントスターチ（難消化性デンプン／23ページ）を多く含んでいるため、血糖値を上げにくく、糖尿病の食事療法などにも使われます。

機能性を高めて健康づくりに役立てる

特定の成分を増やしたり減らしたりすることで、栄養価や健康に配慮した米の開発も進んでいます。

用語

アミロース
→24ページ

アミロペクチン
→24ページ

低タンパク米　タンパク質の摂取制限をしなければならない腎臓病患者に向いており、『LGCソフト』『春陽』などの品種が開発されています。米に含まれるタンパク質には、体に吸収されやすいグルテリンと、吸収されにくいプロラミンがあります。これらの品種は、グルテリンが少なくプロラミンが多いため、タンパク質の吸収が抑えられるのです。

巨大胚芽米　玄米の胚芽《はいが》が大きい品種です。玄米の胚芽には、血圧を下げるなどの作用があるGABA《ギャバ》が含まれており、発芽玄米や胚芽米（20ページ）に適します。『ゆきのめぐみ』『恋あずさ』『はいいぶき』などの品種が開発されています。

有色素米　黒米、紫米、赤米とよばれている米で、玄米の表面にタンニン系やアントシアン系の色素を含んでいます。これらの色素成分はポリフェノールの一種で、抗酸化作用を持つ健康食材です。うるち米では『おくのむらさき』や『紅衣』、もち米では『朝紫』や『夕焼けもち』などがあります。

普通炊飯で食べられる玄米　低アミロースで巨大胚芽品種の育成を目標にして育種された『金のいぶき』は、吸水性が高く、家庭の炊飯器で白米と同じように炊けるのが特徴です。胚芽は通常の玄米の3倍もあるのでGABAや食物繊維、ビタミンE、オリザノールが豊富に含まれています。

花粉米　遺伝子組み換え技術によって開発された花粉米は、スギ花粉症を緩和させる『花粉症緩和米』と根本的に治療できる可能性のある『スギ花粉症治療米』の2つがあります。ほかにもヒノキ花粉症、シラカバ花粉症を予防・治療する米や、関節リュウマチの予防・治療、コレステロールや血圧を低下させる機能がある米なども研究されています。しかし、これらは現在研究段階にあり、現在は一般の消費者は購入することはできません。

用語
GABA
→20ページ

6 ブレンドで高まる米の付加価値

米をブレンドするメリットとは？

「ブレンド米」と聞くと、「混ぜ物」「偽物」といった芳しくないイメージを持つ人が多いのではないでしょうか。1993年の大冷害のさいには、国産米にタイ米などを混ぜたブレンド米も販売されました。このときは、本来は異なった炊き方をしなければならない**ジャポニカ**の米と**インディカ**の米を混ぜ合わせたわけですから、多くの人たちが「おいしくない」と感じたのも無理はありません。

しかし、たとえばコーヒーは、さまざまな豆をブレンドすることで、ストレートでは味わうことのできない風味を楽しむことができます。お米も同じで、ブレンドには、次のようなメリットがあります。

①複数の品種・銘柄を組み合わせることで、食味が向上する。②その年の作柄などにかかわらず、年間を通して品質を安定させることができる。③単一の銘柄米より販売価格を抑えられるので、手ごろな価格で消費者に提供できる。

米の食味、つまりおいしさは、味や歯ざわり、粘り、つやなど複数の要因が複合的に作用して感じられるものです。しかし、これらを完全に満たすことは、銘柄米であっても難しいといわれます。

そこで、長年にわたり米に携わってきたプロが、品種の系譜や食味分析のデータ、経験や感覚などを駆使して複数の米をブレンドすると、単一品種よりおいしい米を、手ごろな価格で提供できます。米の味が重視されるすし店などでも、独自のブレンド米を使っているところがたくさんあります。

また、食味にすぐれた『コシヒカリ』を主体に、比較的価格の安い『ヒノヒカリ』をブレンドすると、おいしいと感じることにつながる粘りや弾力を高め

用語

ジャポニカ
↓17ページ

インディカ
↓17ページ

ることができ、そのうえ値段は抑えることが可能です。

しっかりした食感の『ななつぼし』と粘りけのある『ミルキークイーン』をブレンドすると、濃いめの味つけのおかずにぴったりの米になります。

米のプロを認定する制度もある

日本米穀小売商業組合連合会では、米の博士号ともいえる「お米マイスター認定制度」を2002年度から導入しています。

受験できるのは、米に関する専門職の経験がある人のみ。品種や精米、ブレンド、炊飯の特性を見極めることができ、その米の特徴を最大限に生かした商品作りや、米のよさを消費者に伝えられると認められると「お米マイスター」の称号が与えられます。現在の認定者数は全国で4000人余りで、この称号を持ち、認定マークを掲示している店でブレンド米を購入すると、ひと味違ったご飯が楽しめます。

おいしいブレンドの比率

米をブレンドするさいの比率は、どんな場合でも7：3が基本

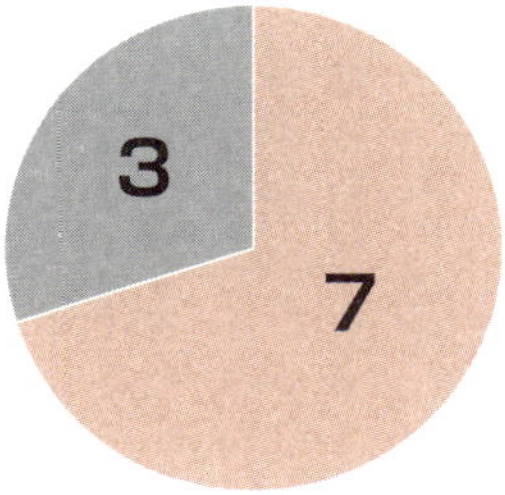

あっさりした米を粘らせたい場合
あっさり系の品種7：粘り系の品種3

粘りのある米をあっさりさせたい場合
粘り系の品種7：あっさり系の品種3

おすすめのブレンド例

つや姫7：おぼろづき3	しっとりとしたつや姫にもっちりとしたおぼろづきを合わせることで、粘りと甘みが強くなる。
ゆめぴりか7：ヒノヒカリ3	粘りの強い品種同士を組み合わせることで、味がいっそう濃厚になる。
古米7：新米3	古米のぼそぼそ感、匂いが消え古さが気にならなくなる。

資料：西島豊造　飛田和緒『お米の達人が教える　ごはん基本帳』（家の光協会　2010年）をもとに作成

7 米粉としての需要拡大に高まる期待

新しい表示制度が新設

パンやお菓子などに使われている米粉は、「微細米粉」とよばれるもので、和菓子でよく使われている上新粉よりも粒子が細かく、小麦粉とほぼ同じといわれています。米粉用米の利用量は、２０１２年度以降、2～3万t程度で推移していましたが、18年から「ノングルテン米粉製品の第三者認証制度」や、米粉の「菓子・料理用」「パン用」「麺用」などの用途別の加工適性を表記する「米粉の用途別基準」の運用が開始され、米粉の利用量が拡大しています。

ノングルテンとグルテンフリーは基準が異なります。グルテンフリー表示はすべての食品を対象に、グルテンの含有基準値20ｐｐｍ以下のものに対して使われており、グルテンが原因となる小麦アレルギーやセリアック病などの疾患対策として、欧米で制度化されています。一方で、ノングルテン表示は米粉と米粉製品を対象に、グルテン含量1ｐｐｍ以下というより厳しい基準をクリアしたものに表示されており、世界のグルテンフリー市場に対し、日本産米粉をアピールできると期待されています。

17年5月には、米粉製造業者や米粉を利用する食品製造業者、外食事業者、原料米の生産者団体、消費者団体などの関係者から構成される「日本米粉協会」が設立し、米粉の国内普及・輸出拡大に向けての動きが進んでいます。

小麦価格の高騰と食料自給率

米粉が大きな注目を集めるようになったのには2つの理由があります。1つ目は、小麦価格の高騰です。08年に小麦価格は過去最高価格を記録し、米粉との価格差が縮み、代替品として米粉が広まりました。

２つ目は、国産米を原料にした米粉の利用が広がれば、食料自給率が上がるということです。18年度の日本の食料自給率は37％。食用の米は97％ですが、小麦は12％にすぎません。外国産小麦の一部を米で代替できれば、日本の食料自給率は向上します。

09年には「米穀の新用途への利用の促進に関する法律」が制定され、米粉に向いた新品種の開発の支援などが行われるようになっています。

小麦との価格差を埋めるために

小麦粉の代替として多く使用される米粉ですが、製粉コストが小麦粉よりも割高であり、製粉技術の工夫によるコスト削減が課題とされています。また、少しでも価格を下げるため、面積当たりの収穫量の多い多収米の開発が進んでいます。たとえば、11年に登録された『ミズホチカラ』は米粉パンに向いているとされ、10a当たり９００kg以上も収穫できた例が報告されています。

米粉用米の生産量・利用量

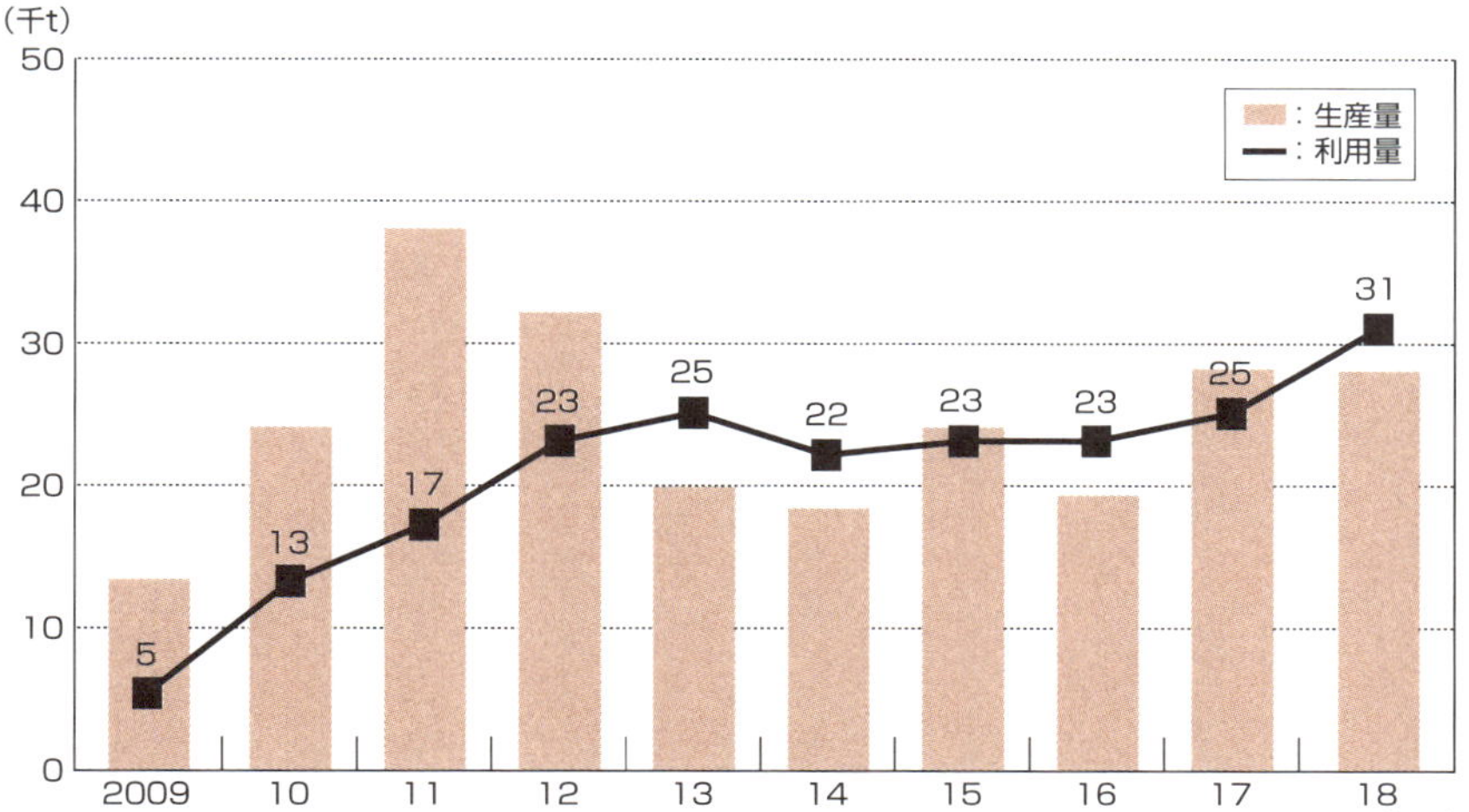

資料：農林水産省「米をめぐる関係資料」（2019年３月）をもとに作成

8 飼料用米は食料自給率向上の切り札となるか？

飼料用米が注目されている

日本の食料自給率を品目別にみた場合、主食用の米は97％を維持していますが、穀類全体では28％にとどまります（２０１８年度）。米以外の、小麦や大麦、トウモロコシなどの大部分を価格の安い外国産に頼っているからです。

これらの穀物は、食用に加え、家畜の餌にも利用されています。日本の飼料の自給率は、26％にすぎません。牛や豚、鶏などを効率よく育てるには、穀物の入った**濃厚飼料**が不可欠ですが、濃厚飼料の自給率は12％にとどまります(18年度)。そこで、食料自給率を上げるため、外国産の穀物に代わり、国産米を飼料に利用する取り組みが進められています。

政府は、14年産から飼料用米の生産拡大に力を入れる姿勢を示しています。これまでは飼料用米を栽培した場合、10ａ当たり8万円が助成されていましたが、14年度からは、収量に応じて最高で10万５００円が支払われることになりました。そのため、各地で飼料用米栽培が加速しています。

稲作農家にとっては、既存の農機を使え、畑への転作が難しい排水不良の水田でも栽培できる利点もあります。また、飼料用米を活用した畜産物をブランド化する取り組みも進んでいます。たとえば、青森県の「こめたま」は、平飼い鶏に飼料用米を最大68％配合した飼料を与え、レモンイエローの卵黄が特徴です。岩手県の「やまと豚米《まい》らぶ」は、**中山間地域**の休耕田で生産する飼料用米を与え、水田と養豚を結びつけた地域循環型農業を実践しています。

普及のカギはコスト削減

飼料用米を定着させるには、コストの引き下げが

用語

濃厚飼料
穀類、油粕類、糖類など、繊維が少なく、消化できる養分が多い飼料。これに対し、牧草や稲わらなど繊維質が多く、養分の少ない餌を、粗飼料という。ちなみに、濃厚飼料の自給率は1割強で、粗飼料は8割弱。

中山間地域
→40ページ

不可欠です。そこで注目されるのが、面積当たりの収量が多い多収米です。

多収米の研究は、減反政策が始まって間もない1975年頃から始まりました。

品種改良が進んだ結果、90年代半ばまでに収量が標準品種に比べ6~20%多い、反収570~800kgの7品種が育成されました。なかでも、西日本に適した品種『タカナリ』は、最高収量990kgを達成しています。しかし、当時はコスト面で採算がとれず、需要が伸びなかったことから、飼料用として普及することはありませんでした。

現在は、それぞれの地域に向いた多収米品種が開発されており、直播栽培など、コストを抑え、収量を増やすためのさまざまな工夫がされています。

今後、さらに普及を進めていくには、主食用米と区分する貯蔵施設や、籾を粉砕する機械の導入が欠かせません。設備投資に対する政策的な支援も急がれます。

飼料用米稲の栽培面積

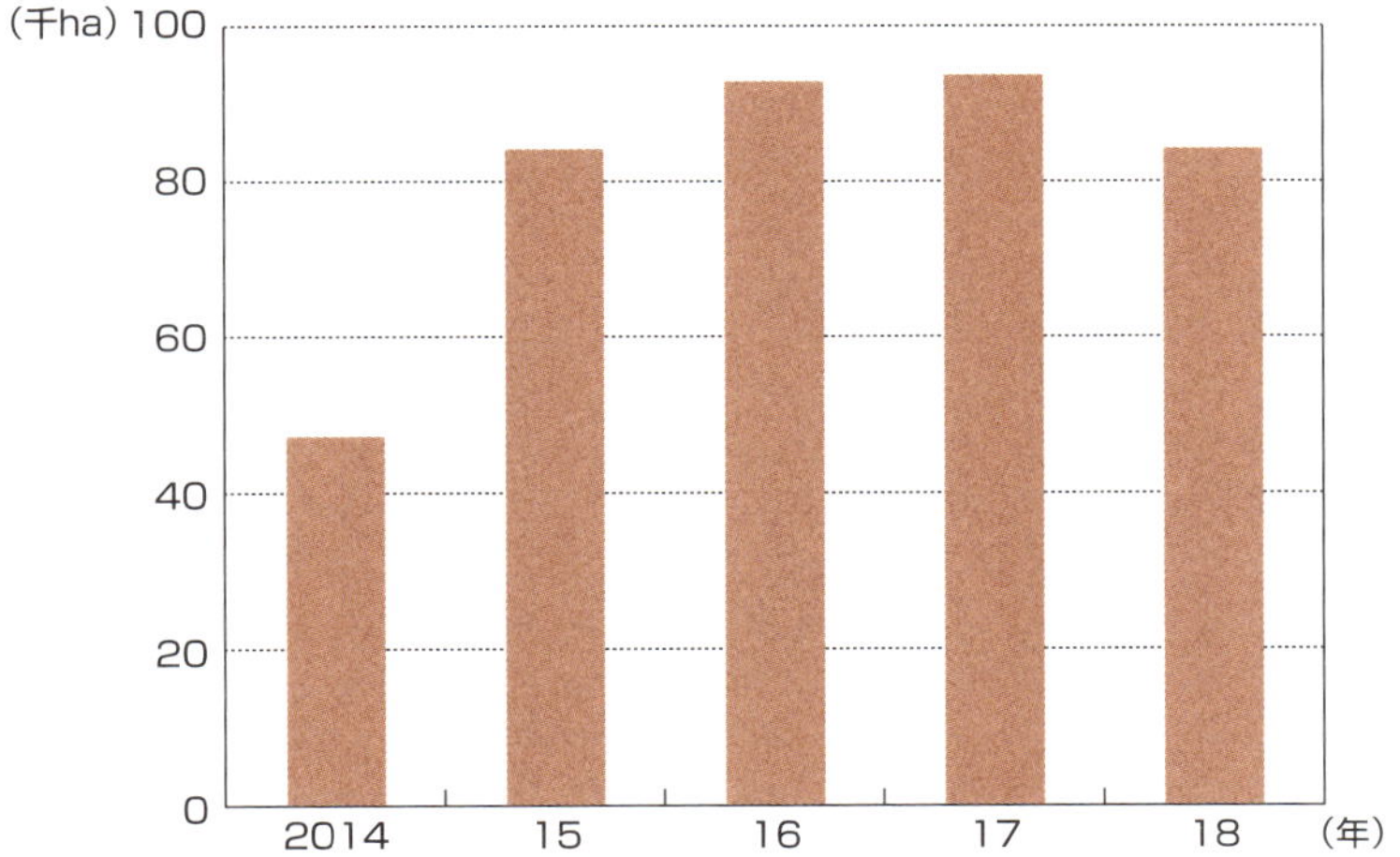

注:稲全体を発酵させて飼料とするホールクロップサイレージについては180ページ

資料:農林水産省「米をめぐる関係資料」(2019年3月)をもとに作成

9 米作りと放牧を組み合わせる

稲のすべてを使ったサイレージ

籾だけでなく、茎や葉など稲全体を使うのが、ホールクロップ**サイレージ**（稲発酵粗飼料）です。ホールクロップサイレージとは、刈り取った稲を籾がついたまま発酵させたもので、牛の飼料に使われています。飼料用米同様、水田を畑に転作せずに活用できるため、農家にとって取り組みやすいというメリットがあります。代表的な品種は『きたあおば』『べこごのみ』などです。栽培方法は食用米とほぼ同じで、食用米では価格下落の原因となるカメムシの食害を気にしなくてよいという利点もあります。

牛に田んぼの稲を食べさせる

ホールクロップサイレージは、稲を専用の機械で刈り取る必要がありますが、牛を田んぼに放牧することで、刈り取り前の稲を食べさせる「立毛《りつもう》放牧」に取り組む農家も増えてきています。

農研機構・中央農業総合研究センターが開発した「立毛放牧技術」では、5月下旬から6月下旬に田植えをし、晩秋から放牧を開始。牛と稲を電気柵で仕切り、柵越しに稲を食べさせるというもので、牛がその範囲を食べ尽くすと、電気柵を移動させていきます。10ａで繁殖牛の100日分以上の餌となり、コストは、ホールクロップサイレージを利用した場合の5分の1に削減されます。ただし、収穫をしないため、飼料米や飼料用稲とはみなされず、助成金の対象にならないという難点があります。

山口型放牧で棚田が復活

1989年、山口県は**耕作放棄地**を利用した牛の放牧を始めました。有刺鉄線で囲んだ耕作放棄地に

用語

サイレージ
牧草や青刈りのトウモロコシなどを発酵させた家畜用の飼料。発酵により、乳酸や酢酸といった物質が発生し、腐敗菌などの活動を抑えるため、長期にわたる貯蔵が可能になる。

耕作放棄地
↓130ページ

牛を放すことで、野生の雑草を食べさせ、除草作業をさせようというもので、棚田で実施する場合は「水田放牧」とよばれました。

99年からは電気牧柵を利用し、放牧場所を自由に変えられる「移動放牧」もスタート。農地保全と牛の飼養管理の省力化を図る放牧スタイルを「山口型放牧」と名づけ、積極的に取り組んでいます。

移動放牧を実施した実証展示圃場《ほじょう》は、30aの水田でした。人が隠れるほどの高さの草が生いしげっていましたが、2頭の牛を放牧することで、きれいな状態に戻りました。また、ススキが生いしげっていた水田に放牧すると、株まできれいに食べ、美しい棚田がよみがえりました。

これまで利用されてこなかった草資源を活用することで飼料自給率が高まり、糞尿が農地に還元されることによって資源循環型農業が推進できます。2018年度は県内229か所、320haで延べ1221頭が放牧されました。また、牛を貸し出す「レンタルカウ」の仕組みも整備しています。

レンタルカウの仕組み

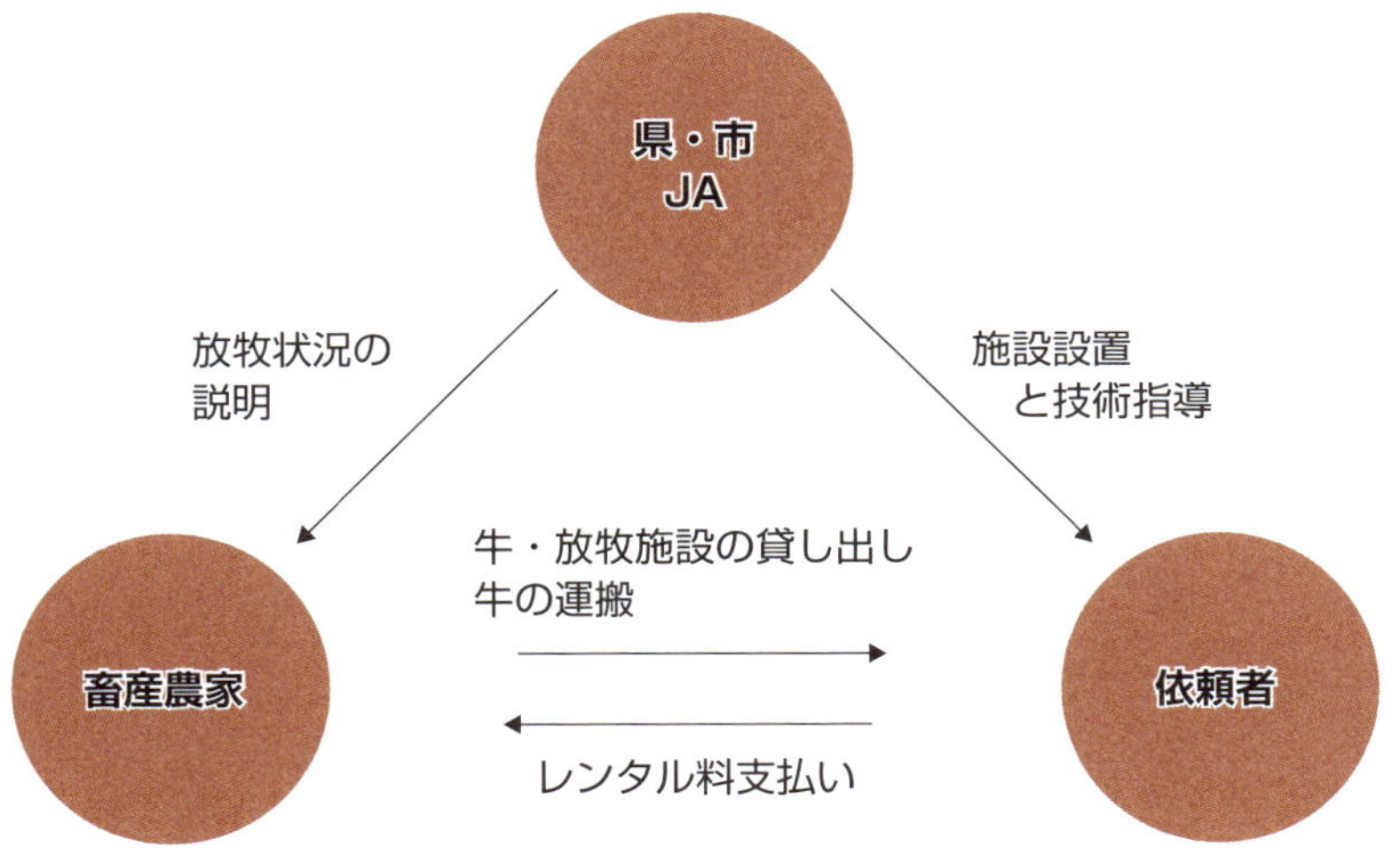

資料：吉田光宏『農業・環境・地域が蘇る　放牧維新』（家の光協会　2007年）をもとに作成

10 米を介して産地と消費者がつながる取り組み

米を作り続けることで、自分たちの生活だけでなく、地域コミュニティや美しい風景を守りたいという農家。安全、安心な米を食べたい、そしてそんな米を作る農家を応援したいという消費者。この両者をつなぐ取り組みが、全国に広がっています。

定着をみせる「棚田のオーナー制度」

山の斜面や谷間の傾斜地に階段状につくられた水田を「棚田」といいます。美しい景観が魅力の棚田ですが、小さな面積の田んぼが段状に折り重なっているため、機械が使いにくく、農作業には手間がかかります。そのため、**中山間地域**の過疎・高齢化にともない、**耕作放棄地**もめだつようになりました。

そこで1995年に、棚田のある地域の住民や自治体などが「全国棚田（千枚田）連絡協議会」を結成し、「全国棚田サミット」を開催するようになりました。さらに、99年には、農林水産省により「日本の棚田百選」が発表されます。棚田が「歴史的文化遺産」として評価されるようになり、都市住民のあいだで、その美しさを見直す声が高まりました。そして誕生したのが、「棚田オーナー制度」です。

この制度では、棚田のある中山間地域が、都市住民を棚田のオーナーとして迎え入れます。オーナーは年会費を納める代わりに、年2回程度の農作業体験に参加し、会費分に相当する収穫米を得る、という仕組みです。オーナー制度を導入している棚田は北海道や東北地方を除く全国32府県の約80地区ほどあるといわれ、千葉県の大山千枚田など大規模なものになると、1年で100組以上のオーナーを受け入れています。また、2019年6月には棚田の荒廃を防ぎ、保全する「棚田地域振興法」が成立し、棚田の持つ価値が見直されてきています。

用語
中山間地域 →40ページ
耕作放棄地 →130ページ

22万人以上が協力する「予約登録米」

関東・中部地方の1都11県を事業エリアとする生活協同組合「パルシステム」は、産直プロジェクトの一環として「予約登録米」に取り組んでいます。いちばんの特徴は、生協組合員が農家が田植えをする前に、その年の秋にとれる米を予約することです。そして、秋から1年間、米が届けられるのです。

「予約登録米」は、1993年の大冷害をきっかけにスタートしました。届けられるのは、できるだけ農薬と化学肥料を使わない環境保全型農業によって育てられた全国の産地JAなどの米です。環境保全型農業は手間がかかるうえ、売れ残った場合、慣行栽培と同じ価格で販売せざるをえなくなります。

しかし、予約販売なら売れ残りのリスクを抑えられますから、農家経営を安定させることにつながります。なにより農家にとっては、「組合員が自分の作った米を待っている」というやる気の源になっています。

オーナー制度のタイプ

農業体験・交流型	農業体験に重きがおかれ、田植え、草刈り、稲刈りなどの来訪が2～3回。
農業体験・飯米《はんまい》確保型	農業体験よりむしろ一家の飯米を確保するのが主目的。体験のための来訪は2～3回。農業体験・交流型よりも配分される収穫物の量が多く会費も高い。
作業参加・交流型	来訪の回数や作業の種類が増え、農業体験から一歩進んだ類型。来訪の回数は、田起こし、田植え、草刈り、稲刈り、脱穀などの作業に4回以上参加。
就農・交流型	年に10回以上来訪する。作業には小型の農業機械なども使用。
保全・支援型	基本的に金銭的な支援を行い、オーナー田の管理費や保存会などの組織の運営費にあてる。収穫期に少量の収穫物がお礼として届くものも多い。

※実施例として多いのは農業体験・交流型で約6割。続いて作業参加・交流型が約4分の1を占めている

資料：棚田百貨堂HP（NPO法人棚田ネットワークが運営）をもとに作成

11 日本の稲作は家族農業に支えられている

国連は毎年、平和や安全、開発などに関するテーマを取り上げ、国際社会の関心を喚起し、さまざまな取り組みを促すため**国際年**を制定しています。そして、２０１４年を「国際家族農業年」とし、各政府に小規模農業を支援するよう要請しました。17年の総会では、これをさらに延長した形で19～28年を国連「家族農業の10年」を定めました。

国連が家族農業に注目した理由は？

国連が家族農業に注目したのはなぜでしょうか。理由は次の3つに要約されています。

①家族農業は機能的で災害などの影響を受けにくく、食料を安定的に供給する基礎になる。

②効率重視の大規模な農業形態は、安全性に問題がある農産物を世界中に拡散しているが、伝統的な農法を重視する家族農業はそうしたことがない。

③その結果、家族農業は環境にやさしく、地域経済と地域のつながりを強くする。

「貧困の根絶」などという国連からのメッセージを聞くと、家族農業は発展途上国のものというイメージを持つ人も多いでしょうが、じつは先進国でも、家族農業が重要な役割を果たしています。

たとえば全経営体のうち、アメリカでは98・7％、ＥＵでは96・2％、そして日本では97・6％が家族農業です。家族農業なくして世界の農業は成り立たないといってもよいでしょう。

家族農業こそ安定的で持続的

日本の稲作は、昔から家族を単位に行われてきました。現在でもそれは変わりません。１０２ページでみたように、日本の稲作農家のほとんどは10ha未満であり、大部分が小規模な経営を営んでいます。し

用語

国際年
国際連合では、平和と安全、開発、人権などの問題について、多くの人に関心を持ってもらい、さまざまな取り組みを進めていくため、毎年、1つのテーマを取り上げ、国際年を定めている。ちなみに、２０１３年は「国際水協力年」、12年は「国際協同組合年」、10年は「国際生物多様性年」、04年は「国際コメ年」であった。

かし、面積はわずかでも、家族で支え合いながら稲作を続ける営みは、安定的・持続可能なスタイルといえるのではないでしょうか。

もっとも家族農業には、じつは多様な姿があります。たとえば、法人化した大規模な家族農業もあるでしょう。土地条件による制約は大きいですが、圃場の改良を進め、大規模な機械を導入すれば、家族農業でも20～30haでの米作りも可能です。今後は、若い人たちが、希望を持って「米作りのプロ」として家族農業を行っていける支援策が必要になるのではないでしょうか。

とはいえ、規模拡大だけがすべてではありません。有機栽培などで付加価値を高めれば、規模は小さくても、家族農業を続けていくことができます。そのような多様性が、これからの日本の稲作の持続・発展のカギをにぎっているのではないでしょうか。農業の多面的機能の維持に貢献し、日本の稲作を支えてきた家族農業の役割を再認識したいものです。

世界の家族農業の割合

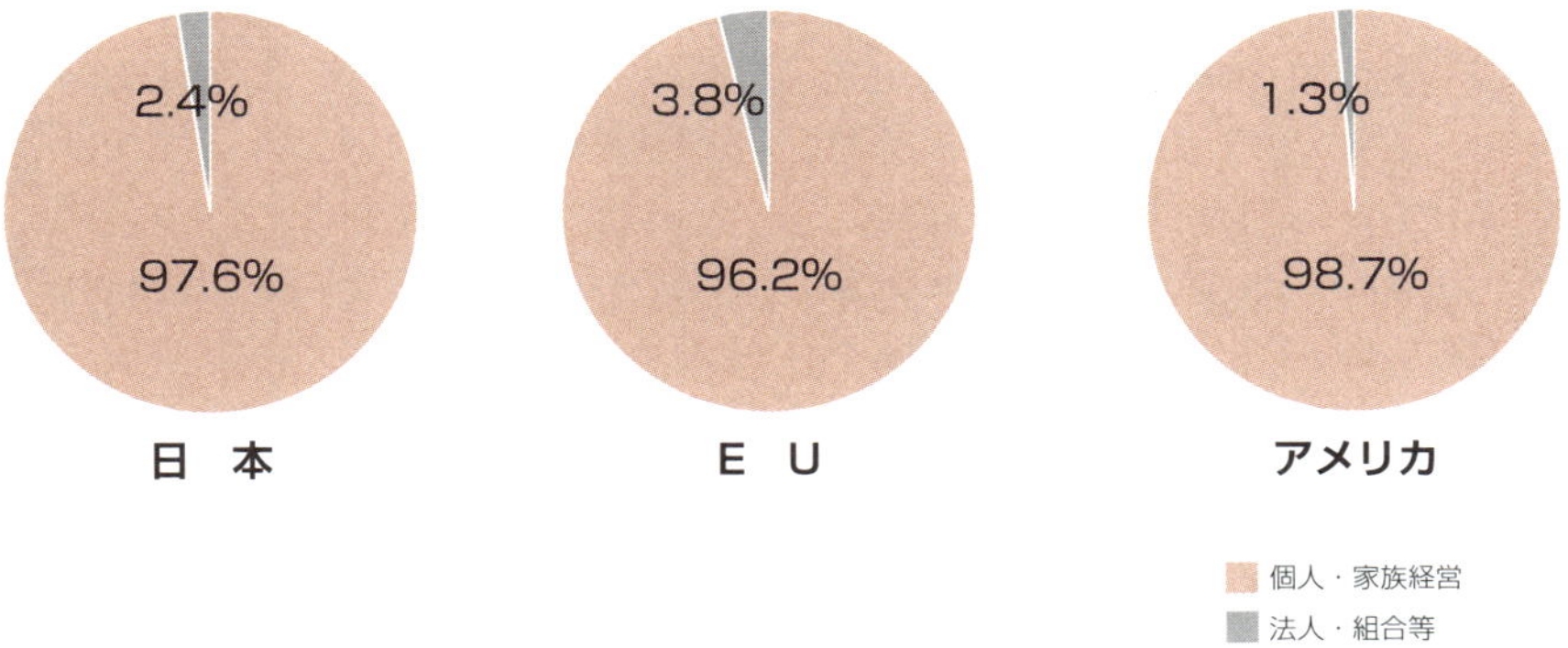

※日本：2015年、EU：2013年、アメリカ：2015年

資料：農林水産省　国連「家族農業の10年」（2019～2028）をもとに作成

コラム

稲作のスマート農業

田んぼの水を離れた場所からスマホでコントロール

最新のロボット技術やAI（人工知能）、ICT（情報通信技術）などを活用するのがスマート農業です。GPS（衛星利用測位システム）による自動走行トラクターや田植え機で作業を無人化し、アシストスーツやロボット台車で体への負担を軽くするほか、人間には不可能だった作業も実現します。

たとえば田んぼの上空にドローン（小型無人飛行機）を飛ばし、稲の生育状態をチェックして、必要な箇所にだけ肥料や農薬をピンポイントで散布します。人工衛星が撮影した稲の画像データから、収穫に最適な時期を判定し、さらに食味（米のおいしさ）まで測定するシステムが登場しています。

とくに注目を集めているのは、水管理の自動化です。水管理は米の収量や品質に大きく関わるため、水田1枚ごとに注意深く行う必要があり、稲作の労働時間の約3割を占めています。

最近になって複数のメーカーが、水位センサー、タイマー、自動給水栓や自動水門、映像モニターとコントローラーの役目をするスマートフォンを組み合わせたシステムを開発、発売しています。

自動化、省力化と並ぶスマート農業の大きな特色は、作業内容や作物の生育、環境に関するデータを収集し活用すること。水管理システムでも、水位、水温、気温、土壌成分などの測定値が、作物の画像とともに解析され、翌年の栽培計画や栽培法に生かされます。

生産段階で得られたデータが、流通や販売でも利用され、逆に消費市場のデータが農作物の生産や出荷を効率化します。データを広く共有し活用するうえでも、農業のスマート化は、播種《はしゅ》から収穫・出荷までの全段階で同時に進めることが望ましいとされています。

中山間地の棚田でも威力を発揮

スマート農業への期待が高まっているのは、農業従事者が減り続け、高齢化が進み、同時に農地の規模が拡大しているからです。そのため、大型の自動走行農機やドローンを投入し、広大な水田や畑を少人数で耕作するイメージが浮かびがちですが、スマート農業は中山間地の水田でも成果をあげています。

高低差があって分散する棚田を見回るだけでも重労働ですが、どんな時間にも水位をチェックしてバルブの開閉を自動で行う水管理システムは、とくに高齢農家には大きな助けになります。夜間灌水《かんすい》や一定のインターバルで行う間断灌水も容易になり、品質と収量を高めた実例も報告されています。傾斜の厳しい畦畔《けいはん》に対応する除草ロボットも登場していますが、スマート農業を定着させていくためには、後継者の確保なども必要です。

さ行

か行

アルファベット

あ行

な行

は行

た行

ら行

わ行

ま行

や行

●主な参考文献

有坪民雄『イラスト図解　コメのすべて』（日本実業出版社　2006年）
石谷孝佑『新版　米の事典―稲作からゲノムまで―』（幸書房　2009年）
石谷孝佑監修『米』〈ポプラメディア情報館〉（ポプラ社　2006年）
井上直人『おいしい穀物の科学　コメ、ムギ、トウモロコシからソバ、雑穀まで』（講談社ブルーバックス　2014年）
宇根 豊『農は過去と未来をつなぐ―田んぼから考えたこと』（岩波ジュニア新書　2010年）
大島 清『米と牛乳の経済学』（岩波新書　1970年）
香川明夫監修『食品成分表 2018』（女子栄養大学出版部　2018年）
岸康 彦『食と農の戦後史』（日本経済新聞社　1996年）
全国農業協同組合中央会編『最新版　早わかりコメのすべて』（家の光協会　1994年）
高橋素子著、大坪研一監修『Q＆A　ご飯とお米の全疑問―お米屋さんも知りたかったその正体』（講談社ブルーバックス　2004年）
筑波君枝『図解入門業界研究　最新農業の動向とカラクリがよ～くわかる本』（秀和システム　2006年）
土肥鑑高『米の日本史』（雄山閣出版　2001年）
富山和子『お米は生きている』（講談社青い鳥文庫　2013年）
西尾道徳、西尾敏彦『図解雑学　農業』（ナツメ社　2005年）
西島豊造、飛田和緒『お米の達人が教える　ごはん基本帳』（家の光協会　2010年）
「農業と経済」編集委員会監修、小池恒男・新山陽子・秋津元輝編『キーワードで読みとく現代農業と食料・環境』（昭和堂　2011年）
堀江 武編著『農学基礎セミナー　新版　作物栽培の基礎』（農山漁村文化協会　2004年）
丸山清明監修『すぐわかる　すごくわかる！　ゼロから理解する　コメの基本』（誠文堂新光社　2013年）
八木宏典監修『最新版 図解　知識ゼロからの現代農業入門』（2019年　家の光協会）
八木宏典監修『史上最強カラー図解　プロが教える農業のすべてがわかる本』（2010年　ナツメ社）
山下惣一『農から見た日本―ある農民作家の遺書』（清流出版　2004年）
吉田光宏『農業・環境・地域が蘇る　放牧維新』（家の光協会　2007年）
ＪＡ全中編『世界と日本の食料・農業・農村に関する ファクトブック2014』

●執筆者（五十音順）
梶原芳恵（第１章・第３章・第４章）
滝川康治（第６章）
中村数子（第２章・第５章）

●装丁／宮坂佳枝
●DTP製作・図版製作／ニシ工芸株式会社
●編集協力／市川　隆
●校正／かんがり舎
●カバー写真／PIXTA
●本文写真／家の光フォトサービス

●監修者
八木宏典（やぎ・ひろのり）
東京大学名誉教授、日本農業研究所客員研究員。1944年生まれ。1967年、東京大学農学部農業経済学科卒業。農林省農事試験場研究員、東京大学農学部助教授、教授、同大学院農学生命科学研究科教授、東京農業大学国際バイオビジネス学科教授を経て、現職。日本農業経済学会会長、日本農業経営学会会長、食料・農業・農村政策審議会会長などを歴任。著書に『最新版 図解 知識ゼロからの現代農業入門』（家の光協会、2019年）監修、『変貌する水田農業の課題』（日本経済評論社、2019年）共編著、『平成農業技術史』（農文協プロダクション、2019年）共同監修、『最新世界の農業と食料問題のすべてがわかる本』（ナツメ社、2013年）監修、『経済の相互依存と北東アジア農業』（東京大学出版会、2008年）編著、『新時代農業への視線』（農林統計協会、2006年）など。

本書は、2014年10月発行の『知識ゼロからのコメ入門』を、大幅に情報を更新し、改訂したものです。

最新版
図解 知識ゼロからのコメ入門

2019年10月20日　第1版発行
2024年11月20日　第3版発行

監修者　八木宏典
発行者　木下春雄
発行所　一般社団法人 家の光協会
〒162-8448　東京都新宿区市谷船河原町11
電　話　03-3266-9029（販売）
　　　　03-3266-9028（編集）
振　替　00150-1-4724
印刷　株式会社リーブルテック
製本　株式会社リーブルテック

乱丁・落丁本はお取り替えいたします。定価はカバーに表示してあります。

ISBN978-4-259-51870-7 C0061